生活在南北两极中的动物

刘 艳◎编著

在未知领域 我们努力探索
在已知领域 我们重新发现

延边大学出版社

图书在版编目（CIP）数据

生活在南北两极中的动物 / 刘艳编著 .—延吉：延边大学出版社，2012.4（2021.1 重印）

ISBN 978-7-5634-3959-1

Ⅰ. ①生… Ⅱ. ①刘… Ⅲ. ①极地—动物—青年读物 ②极地—动物—少年读物 Ⅳ. ① Q958.36-49

中国版本图书馆 CIP 数据核字 (2012) 第 051736 号

生活在南北两极中的动物

编　　著：刘　艳
责任编辑：林景浩
封面设计：映象视觉
出版发行：延边大学出版社
社　　址：吉林省延吉市公园路 977 号　　邮编：133002
网　　址：http://www.ydcbs.com　　E-mail：ydcbs@ydcbs.com
电　　话：0433-2732435　　传真：0433-2732434
发行部电话：0433-2732442　　传真：0433-2733056
印　　刷：唐山新苑印务有限公司
开　　本：16K　690×960 毫米
印　　张：10 印张
字　　数：120 千字
版　　次：2012 年 4 月第 1 版
印　　次：2021 年 1 月第 3 次印刷
书　　号：ISBN 978-7-5634-3959-1

定　　价：29.80 元

前言

Foreword

谈到南极，就是地球的最南端，但实际上，南极这个词有多种近似含义，例如：南极洲、南极点、南极大陆、南极地区、南极圈等。按照国际上通行的概念，我们一般把南纬60°以南的地区称为南极，它是南大洋及其岛屿和南极大陆的总称，总面积约6500万平方千米。

对于北极，人们通常所说的北极并不仅仅限于北极点，而是北极圈以北的广大区域，也叫做北极地区。北极地区包括极区北冰洋、边缘陆地海岸带及岛屿、北极苔原和最外侧的泰加林带。北极地区是北极以内的地区。不过一般人习惯从地理学角度出发，将北极圈作为北极地区的界线。不过，北极地区的中心地带不是陆地，而是海洋——北冰洋。

常见的南、北极动物有企鹅和北极熊。

企鹅是南极大陆最有代表性的动物，被视为南极的象征，企鹅是地

球上数一数二可爱的动物。世界上总共17种企鹅，它们全分布在南半球；南极与亚南极地区约有8种，其中在南极大陆海岸繁殖的有2种，其他则在南极大陆海岸与亚南极之间的岛屿。企鹅是唯一不能飞的潜水性海鸟，虽然企鹅双脚基本上与其他飞行鸟类差不多，但它们的骨骼坚硬，比较短平。这种特征配合犹如只桨的短翼，使企鹅可以在水底飞行。双眼上的盐腺可以排泄剩余的盐分。企鹅双眼由于有平坦的眼角膜，所以可在水底及水面看东西。双眼可以把影像传至脑部做望远集成使之产生望远作用。

北极熊是北极的代表，这种庞然大物经常在冰川上逛来逛去，在茫茫无边的冰雪世界里确定了自己无可争议的统治地位。在它生存的空间里，它位于食物链最顶层。它拥有极厚的脂肪及毛发来保暖，其白色的外表在雪白的雪地上是良好的保护色，而且它可以在陆上及海上捕捉食物，因此它能在北极这种极严酷的气候里生存。北极熊的视力和听力与人类相当，但它们的嗅觉极为灵敏，是犬类的7倍，时速可达60千米，是世界百米冠军的1.5倍。北极熊的毛是白色而稍带淡黄色的，但它的皮肤是黑色的，我们从它们的鼻头、爪垫、嘴唇以及眼睛四周的黑皮肤上就能看见皮肤的原貌。黑色的皮肤有助于吸收热量，这又是保暖的好方法。

随着极端天气的不断出现，已成为人类持续关注的焦点。面对全球气候的变暖，这个美丽的国度正遭受着破坏，正在一步步地缩小着。全球变暖的后果，会使全球降水量重新分配、冰川和冻土消融、海平面上升等，既危害自然生态系统的平衡，更威胁着人类的食物供应和居住环境，人们应该加入保护南北极的队伍中。做好身边的每一件小事，保护极地，就是保护人类自己。

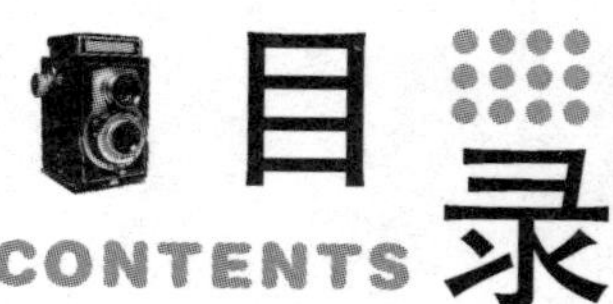

目录 CONTENTS

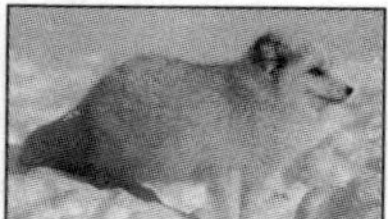

第❶章 南极的地理位置

第❷章 南极的气候条件

第❸章 南极生物耐寒机理

第❹章

南极的极地动物

第❺章

南极的奇观现象

第❻章

南极的探险家

第❼章 北极的地理位置

第❽章 北极的气候变化

第❾章 北极生物耐寒机理

第10章 北极的极地动物

第11章 北极的奇观现象

第12章 北极的探险家

第一章 南极的地理位置

NANJIDEDILIWEIZHI

关于南极的地理位置，单从字面上来看，南极就是地球的最南端，但实际上，与南极相似的词语有很多，像南极洲、南极点、南极大陆、南极地区和南极圈等等。根据国际上通行的概念，一般把南纬 60° 以南的地区称为南极，它是南大洋及其岛屿和南极大陆的总称，总面积达到 6500 万平方千米。

南极地理之南极洲

Nan Ji Di Li Zhi Nan Ji Zhou

南极洲主要分布在南极点的四周，常年被冰雪覆盖，周围布满了岛屿。南极洲无论是从经度位置还是从纬度位置上都与其他的大洲有明显的不同，这里独特的纬度位置就形成了气候的寒冷、冰雪覆盖以及极光现象的关键条件。南极洲总面积达到 1400 万平方千米，南极洲的总面积占地球陆地总面积的 1/10，相当于半个中国，南极洲位于七大洲面积的第五位。

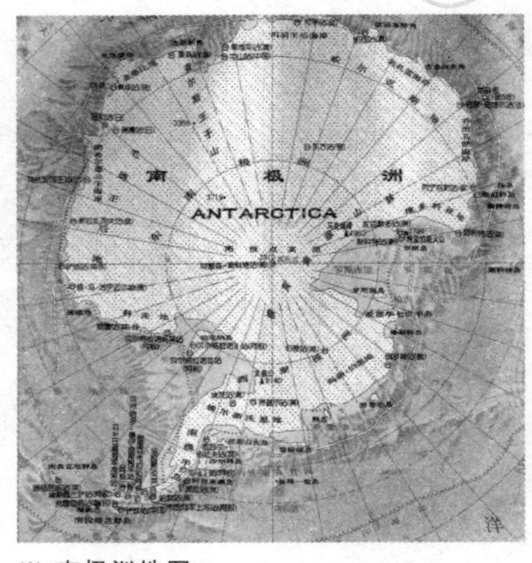

※ 南极洲地图

南极洲是世界上跨经度最多的一个大洲，同时也是地理纬度最高的一个洲。南极洲是各大洲中最为独特的一个洲，随着南极科学界人物的考察事业的发展，过去的“南极之谜”逐步地被人类揭露出来，而南极洲的地位也显得日益重要。南极洲的地理位置孤立，远离世界上的各大洲，仅仅在南极半岛隔德雷克海峡与拉丁美洲南端的火地岛相距较近，其直线距离也达 970 千米。然而，在航空和航天技术空前发达的今日与未来，南极洲将日益成为联系拉丁美洲、非洲及澳大利亚大陆等地区之间空中交通的主要捷径，并且在这段路的中间不需要通过他国的领空，因此具有特殊的战略意义。

南极洲为世界上最高的冰原大陆，其基岩的海拔是 450 米。冰雪面积占南极洲总面积的 98%，因此又叫做“白色沙漠”，其中 2%为基岩裸露，无常年冰雪覆盖，常被称为南极冰原的绿洲。南极洲上分布着众多的冰川，其中兰伯特冰川是世界上最大的冰川，有大小不等的陆缘冰架约 300 个，四周的冰障有 10 多座。海拔最高的是文森山，海拔为 5140 米，海拔的最低点为冰层下－2468 米。横贯南极的山脉将南极大陆分为了两部分，

一部分是：东南极洲，面积较大，是一个古老的地盾和准平原，横贯南极山脉绵延于地理的边缘；另一部分则是：西南极洲，面积较小，为一褶皱带，由山地、高原和盆地组成。东、西两部分之间隔这着一沉陷地带，从罗斯海一直延伸到了威德尔海。

我国设立的黄河站和中山站有极昼极夜现象。其中黄河站发生的时间更长一些，因为，黄河站的纬度位置比中山站纬度位置要高，在极圈以内建立着，纬度越高，极昼极夜时间越长，还有一个原因是夏半年，地球绕日公转速度慢，所需的时间比冬半年长，北极圈以内极昼的时间也长。南极洲是世界上最寒冷的大陆，好像一个巨大的空调器，控制着地球的热输入，使世界的气温不能达到最高的温度。此外，南极还向世界其他大洋和大气层输送冷洋流和冷气流，对全球，特别是南半球的气候具有重要的影响。虽然，南极对世界气候影响的复杂性人类至今尚未充分了解其全部的意义和重要的作用，但是，它在全球热对流中的作用却是相当明显的。根据科学家的相关推测得出，南极对地球的气候变化将起着至关重要的调节作用。

南极洲上有很多的自然景观。“乳白天空”现象就是其中的一种。它是由极地的低温与冷空气相互作用而形成的。当阳光射到镜面似的冰层上时，就会立即反射到低空的云层，而低空云层中无数细小的雪粒又像千万个小镜子将光线散射开来，再反射到地面的冰层上。如此来回反射的结果，便产生一种令人眼花缭乱的乳白色光线，形成白蒙蒙、雾漫漫的乳白天空。这时，天地之间会出现浑然的一片，人、车辆和飞机都融入浓稠的乳白色里，一切景物都看不见，东西南北的方向难以判别。乳白色天空是极地探险家、科学家和极地飞行器的一个大敌。

南极洲是科学家考察的主要圣地，原因主要有两个方面，一是因为许多学科必须在南极这个“天然实验室”里进行，而其他的地区是根本无法代替的；二是因为南极的许多问题是全球性的意义，与人类的前途和命运息息相关。南极洲是世界上最寒冷的大陆，是世界上冰雪存储量最多的大陆，是世界上风最大、风暴最频繁的大陆，是世界上海拔最高的大陆，在大气和海洋生物间的碳循环中起至关重要的作用。经过长时期以来对南极地区的考察、研究，人类在冰川学、地质学、气象学、大气物理学、海洋学、植物学和动物学等领域获得了很多新的成果。

知识窗

南极洲的气候通常较同纬度的北极区为冷，是世界最冷的地区。而在海边，并不像较高的内陆地区那么冷。在国际地球物理年期间，科学家在海岸地区测得的最冷月的平均温度是－18℃，而在南极点同月的平均温度是－62℃。1983年7月31日，苏联学者在东方站记录到－89.2℃的低温，是世界记录到的最低自然温度。南极洲的风力，因地而异。一般而言，海岸附近的风势最强，平均风速为17～18米/秒。东南极洲的恩德比地沿海到阿黛利地沿岸一带的风力最强，风速可达40～50米/秒。据澳大利亚莫森站20年的统计资料，每年8级以上大风日就有300天，1972年，莫森站观测到的最大风速为82米/秒。法国的迪维尔站曾观测到风速达100米/秒的飓风，其风力相当于12级台风的3倍，这是迄今为止世界上记录到的最大风速。

南极大陆是地球上最干燥的大陆，年平均降水量仅有30～50毫米，越往大陆内部，降水量越少，南极点附近只有3毫米。降水量较多的地方是沿海地区，年平均降水量有200～500毫米，而南设得兰群岛地区降水量比较多。南极洲的降水几乎都是雪。

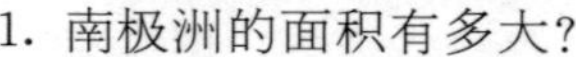

拓展思考

1. 南极洲的面积有多大？
2. 南极洲的基岩海拔是多少？
3. 南极洲为什么是科学家考察的圣地？

南极地理之南极点

Nan Ji Di Li Zhi Nan Ji Dian

※ 南极点

南极点是地球表面上一个非常特殊的位置，地球上没有方向性的点有两个，南极点就是其中之一。假设两个人从地球上任何两个不同的地点同时出发，始终沿着一条经线向正南方向前进，相互间的距离就会越来越近，最终都会相会在一个点上，那个点就是南极点。

南极点附近的气候非常恶劣，环境也很奇特，海拔高约 3800 米，其中冰盖厚度 2000 米。南极极度寒冷，冰雪茫茫，一眼望去都是白茫茫的一片，世界极端的最低温度为 −94.5℃。在南极点上，方向是不分东西南北，无论面朝哪个方向都是北。全年只有一个长昼和长夜，夏半年太阳不落，没有夜晚；冬半年没有白天，全天漆黑。如果在南极冰原上行走的话，最可怕的并不是寒冷，而是变幻莫测的天气和人与大自然抗衡的意志。

一个立柱上的金属球是南极点的标志，这是个地理的极致，没有方向的显示也没有时间的显示，完全类似于数学矩阵计算中的奇点。而真正的极点则是每年 12 月 31 日精确测定。由于极点地区的冰盖每年向西经 43°方向移动 10 米到 20 米左右。因此，可以清楚地看出历年的极点标似乎排成一长列。

常年被冰雪覆盖的南极点，吸引了一批又一批的勇敢探险家，发现南极点的第一人是阿蒙森。探险是阿蒙森一生最喜爱的事业，每遇到困难的时候，他绝不肯轻易放弃。1911 年底，挪威探险家阿蒙森和英国探险家斯科特，在南极展开了一场富有戏剧性而又令人心酸的角逐。1912 年 1

月 16 日，斯科特一队在清晨的那一刻启程了，可是途中发现有阿蒙森到过的痕迹……同月的 18 日，斯科特一队经过了重重障碍，克服了种种困难，终于来到了南极点。但他们没想到的是，对手阿蒙森比他们早早到了一个月，已经把挪威国旗插在了极点上。斯科特一队探险队员，快快不乐地在阿蒙森的胜利旗帜旁边插上英国国旗——一面姗姗来迟的“联合王国的国旗”，然后沮丧地往回走。斯科特义无反顾地担负起证明阿蒙森胜利的责任。他们失败了，但仍坚毅执著地生存下来。但是他们回去的路程危险程度增加了十倍。不久，其一队员，埃文斯由于精神失常而离奇死去了；奥茨却为了不连累大家，毅然地走上死亡之路。后来，气候环境越来越恶劣，三位探险家只能在两种死法中间进行选择：是饿死还是冻死？最后，他们选择了骄傲地在帐篷里等待死神的来临。

攀登到南极点是一场没有硝烟的战争，阿蒙森和斯科特的故事分别是一个胜利和悲剧的故事，它将永远被铭刻在南极探险的英雄史上。这段历史始于 20 世纪初，各国将目光投向南极、北极和珠穆朗玛峰。这是地球的尽头也是世界的边缘，这也是光荣与梦想的顶峰 100 百年前，人类的勇士终于抵达了南极点，100 年后，我们还在这冰封大陆上前行……科学的探索永无止境！

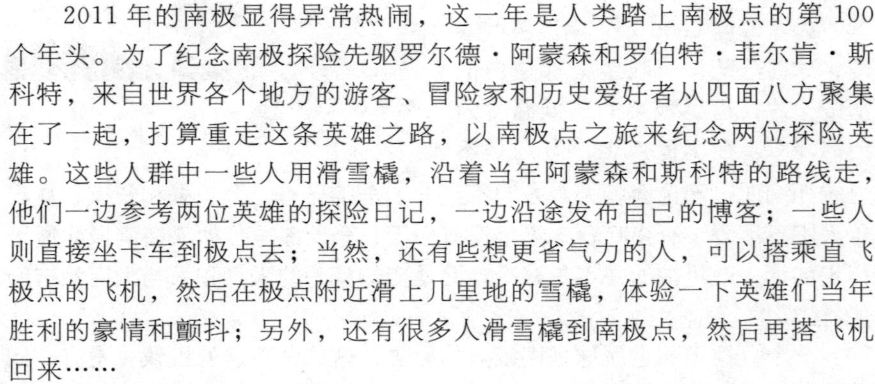

2011 年的南极显得异常热闹，这一年是人类踏上南极点的第 100 个年头。为了纪念南极探险先驱罗尔德·阿蒙森和罗伯特·菲尔肯·斯科特，来自世界各个地方的游客、冒险家和历史爱好者从四面八方聚集在了一起，打算重走这条英雄之路，以南极点之旅来纪念两位探险英雄。这些人群中一些人用滑雪橇，沿着当年阿蒙森和斯科特的路线走，他们一边参考两位英雄的探险日记，一边沿途发布自己的博客；一些人则直接坐卡车到极点去；当然，还有些想更省气力的人，可以搭乘直飞极点的飞机，然后在极点附近滑上几里地的雪橇，体验一下英雄们当年胜利的豪情和颤抖；另外，还有很多人滑雪橇到南极点，然后再搭飞机回来……

时至今日，人类对南极的研究已经大步地迈进了。踏着前人的足迹，科学家在南极的科考工作正逐步深入。目前，世界上共有近 30 个国家在南极建立了 70 多个科学考察站，不过其绝大多数都建在南极边缘地区。除中国外，只有美国、俄罗斯、日本、法国、意大利和德国几个国家在南极内陆地区相继建立了内陆科考站。

当然，南极探险与其他探险有着不同的地方，南极探险有其独特性：这里有时速达 300 千米的寒风，低温甚至可以达到－50℃，浩瀚海洋中存在巨大生物，冰山阻挠并毁坏着装备，这里的海岸没有天然的港口，有的

只是长时间冰冻的寂静。这是一场探险家与大自然无穷力量间的斗争，也是人类对自己极限的挑战。

知识窗

长城站：是以中国的万里长城命名。建于1985年2月20日，位于西南极南设得兰群岛得乔治王岛。地理坐标是：62°12′59″，西经58°57′53″，距北京17501.9千米。长城站现有建筑面积2000多平方米，包括了主楼、宿舍楼、发电楼，科研楼、文体医疗楼、气象楼、油库、污水处理站、仓库、直升机停机坪。

长城站夏季可容纳50人左右进行考察活动，在冬季可容纳20人左右。

长城站的科学考察主要是海洋生物、地质、高空物理、地磁、气象、GPS联测等。

站上的娱乐生活主要有乒乓球、台球、卡拉OK和一些体育设施。

长城站地处乔治王岛，在岛上有9个国家建立了考察基地。

拓展思考

1. 南极点的标志是什么？
2. 第一个登上南极点的人是谁？
3. 最早登上南极点是哪一年？

南极地理之南极圈

Nan Ji Di Li Zhi Nan Ji quan

南极圈是地球上南纬66°34′的一个假想圈。南极圈是南半球上发生极昼和极夜现象最北的界线。南极圈以南的区域，常年受到阳光的斜射，虽然有一段时间太阳总在地平线上照射长时间，但正午太阳高度角很小，因而获得太阳热量是非常小的，为南寒带。在南半球的夏至日太阳终日不落；在南半球的冬至日太阳终日不出。南极圈是南温带和南寒带的分界线。南极圈的附近没有山脉的阻拦，盛行的西风也不受阻拦，温带气旋常常出现，又有海冰漂浮，这里是非常凶险的海域。南极圈和北半球的北极圈是相互对称的。

由于地球围绕太阳公转时是转动的，地球的黄赤交角一直在轻微地改变着。因此，纬度数值与黄赤交角互余的南极圈也相应有改变。极昼和极夜是地球两极地区所特有的现象，是一天24小时之内全都是白天或黑夜。每年的公历3月23日，也就是春分的时候，太阳直射着赤道。从这一天开始，南极圈内开始出现极夜。一开始只有南极点，然后逐渐扩范围大到整个南极圈的面积。6月22日，夏至日时，太阳直射北纬23°26′，这时南半球极夜范围达到最大，为南极圈以南的全部地方。之后，极夜范围开始慢慢地缩小，到了9月23日秋分的时候，恢复到只有南极点有极夜。这一天过后南极的极昼开始，最初也就是在南极点，然后延伸到整个南极圈的范围。12月22日冬至时，太阳直射南回归线，整个南极圈以南的区域都是极昼。紧接着极夜范围逐渐回缩，到了第二年的3月23日，即春分时极昼结束，而极夜重新开始。南极圈内的地方，越靠近南极点，出现极昼极夜的时间就越长。南极点附近的地方一年有近一半的时间是极昼，另一半的时间是极夜。南极圈内靠近边缘的地方则只有几天的极昼极夜。

1773年1月17日，英国人首次进入了南极圈，他们航行的是“决心”号船，该船绕着环球航行，在船长库克的率领下，经东经30°附近南极圈，然后翻越过南极圈。

中国也挺进了南极圈。中国“雪龙”号于2011年11月28号成功进入南极圈。

“阳光从云缝间倾泻而下，照耀着覆盖于海面的浮冰。放眼望去，洁

白的浮冰静卧在一片波光粼粼中，犹如一块块镶着金边的美景……”这是中国人在“雪龙”号上看到的南极圈的美景的记录。天色早已一片漆黑，喧闹的城市逐渐恢复宁静，“雪龙”号的船显示的时间是晚上 8 点左右，但窗外的天空，依旧是白昼的样子，让人丝毫感觉不到要休息的念头，让人们不得不感受一番“白天不懂夜的黑”了。

根据船长沈权的介绍，“雪龙”号科考船已由清水工况转为冰区工况，避免低速度和高负荷引起的主机超负荷。“雪龙”的航速在 5 节至 10 节之间。此次飞行“雪龙”号，采取的是“欺软怕硬”的方法曲折前行。抵达陆缘冰区域后，“雪龙”号科考船将破冰前行。75 米高分辨率雷达卫星影像显示，“雪龙”号有望前进至距离中山站 10～15 千米的位置，这将为中山站卸货提供了有利的条件。“雪龙”号科考船一般要破冰行进至距离中山站 15～20 千米处，才比较有利卸货。最终，成功完成航行的胜利！

知识窗

对于我国南极科考队员来说，在一年中有三四个月，整夜都能看到这些星座在天空旋转，这真是太令人羡慕和向往了。但是现在出国游已经是很方便了。只要你去新、马、泰或澳大利亚、新西兰等赤道或赤道以南的地方去观光，可不要忘了你头上的星空也是十分值得观赏的自然风光。在地球上，不论哪个晴夜，我们只能看到地平圈以上的星空，这是容易理解的。如果你在一个晚上连续看星一两小时，你就会看到星空在慢慢地变化着：总是东方的星星渐渐升起，西方的星星缓缓下落，这是地球从西往东自转的反映，所以同一天夜晚，随着时间早晚的变化，你看到的星空也是在变换着。当然应该先去观赏西方地平线上的星座，因为它会逐渐西沉，而东面的星座会越升越高，越升越多。星空的变换还不只是上面说的东升西落的现象。在南北不同纬度的人们看到的星空也不一样。在北半球，大概说来，北极星的高度就是当地的地空纬度。例如在北极点，北极星正在天顶，它的地平高度是 90°，所以北极的纬度是北纬 90°。在北极看星只能看到天球赤道以北的星星，天球赤道的星星永远不会上升。

拓展思考

1. 南极圈是南纬多少度的一个圈？
2. 首次进入南极圈是什么时候？
3. 南极圈是什么的分割线？

南极地理之南极地区

Nan Ji Di Li Zhi Nan Ji Di Qu

南极地区主要包括南极大陆及其沿海岛屿和陆缘冰，还包括南太平洋、南大西洋和南印度洋的其中一部分。地球上最高的大陆不是拥有青藏高原的亚洲大陆，而是人类所熟知的南极大陆。地球上其他几个大陆的平均海拔数为：亚洲 950 米，北美洲 700 米，南美洲 600 米，非洲 560 米，欧洲最低，只有 300 米，大洋洲的平均高度还没有具体的数字，估计也不过几百米。然而，对于南极大陆，就其自然的表面来说，其平均海拔高度为 2350 米，比其他几个大陆中最高的亚洲还要高得多。但是，如果把覆盖在南极大陆上的冰盖剥离的话，它的平均高度仅有 410 米，比整个地球上陆地的平均高度要低得多。

横贯南极的山脉将南极大陆分为两部分：东南极洲和西南极洲。东南极洲，面积较大，为一古老的地盾和准平原，横贯南极山脉绵延于地理的边缘；西南极洲面积非常小，为一褶皱带，由山地、高原和盆地组成。东、西两部分之间有一沉陷地带，从罗斯海一直延伸到威德尔海。南极洲大陆的平均海拔 2350 米，是地球上最高的洲。最高点伯德地的文森山海拔 5140 米，大陆几乎全部被冰雪所覆盖，冰层平均厚度有 1880 米，最厚达 4000 米以上。

18 世纪南极才被发现。1774 年，英国探险家科克首次登上了南极的岛屿。19 世纪和 20 世纪中期，英、美、法、德、苏联、挪威和西班牙等十多个国家派遣探险队到南极进行考察，并且一些国际科学组织也前往南极设立考察站进行观测和研究。目前设在南极的科学考察站有 60 多个。总之，考察的活动越来越频繁，规模也越来越扩大。南极地区诱人的资源很多，首先当推南极大陆的矿产资源，其次是海洋生物资源。世界上最大的铁矿储藏地区。位于南极大陆的铁矿蕴藏丰富，含铁品位高，有“南极铁山”之称，可供世界开发利用 200 年，为世界之最，但是人类要合理地开采。

南极地区的气候系统是十分复杂的，南极及其邻近地区大气温度、臭氧和南极海冰的变化趋势在时间和空间上都是多样化的，有些变化也很难用单一的人类活动影响来解释。目前还没有足够的依据能说明，近 50 余

年来，南极和邻近地区的温度变化是温室效应加强的结果，这种变化在很大程度上仍可能是气候系统内部变化的结果。在南极地区，进一步加强国际上的合作项目，继续监测包括近地面温度在内的大气要素的变化、积极获取代用资料，仍是全球变化研究的重要内容之一。

南极地区的气候不仅气候酷寒，而且南极地区是一个自然资源的“大仓库”。南极地区的地下埋藏着丰富的矿产；南极地区的地上储存着大量的固体淡水资源；南极地区的沿岸栖息着无数的海洋生物；还有原始的自然环境，为科学家们进行气象、冰川、地质、海洋和生物等科学研究，提供了领域和最为广阔的天然实验空间。

近 50 年来，南极及其邻近地区温度与全球温度的变化特征有明显的差异。虽然 1957 年以来，南极及其邻近地区的增温幅度大于全球平均增温幅度，但 1957 年～1979 年年间，当全球平均温度无明显增暖倾向时，南极及其邻近地区增温幅度却高达 0.25℃/10a；而在 1980 年后，当全球平均温度迅速上升时，南极及其邻近地区的温度变化却不明显，甚至还有微弱的降温倾向。其中，除南极半岛区仍为强烈增暖外，其他 4 个区均为负倾向，且以东南极表现的较为明显。

在南极地区辨认方向的方法：

1. 沿经线只有南北两个方向，朝低纬走是北方，相反是南方，到南极点位为止；

2. 沿纬线圈走只有东西方向，顺时针前进为东，相反为西。东西方向是相对的，要看具体的情况而定。

知识窗

在南极大陆，至少生长着 350 种以上的苔藓。这种特别具有抗寒能力的植物，在南极这个寒冷荒芜的环境里，之所以能够在品种上得到充分发展，因为它几乎没有竞争对手。

除了极少的地衣和显花植物外，冰冷的岩石上，是苔藓的独立王国。它们或稀或密地分布在自己的领地里。不同的苔藓，给被风吹得光溜溜的岩石披上了色彩各异的外衣。这些“外衣”甚至可达几毫米厚。

拓展思考

1. 哪个探险家首次登上南极的岛屿？
2. 科学家为什么要把南极地区作为实验室？
3. 怎样在南极地区辨认方向？

南极地理之南极大陆

Nan Ji Di Li Zhi Nan Ji Da Lu

南极大陆是南极洲除了其周围岛屿以外的陆地，是地球上最后一个被发现和唯一没有土著人居住的大陆，南极大陆孤独地位于地球的最南端。南极大陆98%以上的面积被厚度惊人的冰雪所覆盖，素有“白色大陆”之称。在全球六块大陆中，南极大陆大于澳大利亚大陆，排名第五。

经过科学家多年的测量计算得出，南极冰盖的总体积为2800万立方千米，平均厚度为2000米，最大厚度为4800米。最厚的冰盖位于东南极洲的澳大利亚凯西站以东510千米处。南极大陆常年被冰雪覆盖着，使得南极大陆，特别是东南极洲形成一个穹状的高原，平均高度为2350米，成为地球上最高的大陆，比包括青藏高原在内的亚洲大陆的平均高度要高

※ 南极大陆

2.5 倍。但是，如果不计较巨大的冰盖的话，南极大陆的平均高度仅有 410 米，比整个地球上陆地的平均高度要低得多。

南极大陆是世界上唯一被海洋包围的大陆，四周有太平洋、大西洋和印度洋，形成一个围绕地球的巨大水圈，呈完全封闭的状态，是一块远离其他大陆和与文明世界完全隔绝的大陆，至今仍然没有居民居住，只有少量的科学考察人员轮流在为数不多的考察站居住和工作着，可见环境之恶劣。

南极是地球上受污染最少的大陆，其研究的成果对未来气候的变化有重要意义。现在随着全球气候变暖，冰川的融化引起海平面的上升与人类息息相关。中国的极地科学考察事业是振兴中华、为国争光和造福人类的事业。南极研究的重要性以及极地考察能力是综合国力的一种展现，特别是科学技术实力的表现。同时，南地区蕴藏着丰富的资源和能源，有世界上最大的铁山和煤田、丰富的海洋生物和油气资源、地球上 72％以上的天然淡水资源。南极资源的和平利用及其领土的归属问题是是否作为人类共同的财富，而这个问题始终是南极的热点和焦点，有待于世界共同协商解决。

人类南极探险的历史：

1772 年～1755 年，英国的库克船长领导的探险队在南极海域进行了多次探险，但并未发现任何陆地。直到 1819 年，英国的威廉·史密斯船长才发现南设得兰群岛。

1820 年 1 月 18 日，美国的帕默乘“英雄”号单桅纵帆船，发现了奥尔良海峡和后来又着力证实为从大陆延伸出来的南极半岛的西北岸。

南极洲的探险，在 1820～1830 年趋于白热化。1821 年，俄国别林斯高晋和拉扎列夫带领的探险队，乘“东方”号和“和平”号绕着南极大陆环绕了一周，发现了亚历山大一世岛。罗斯在 1841 年发现了一个不结冰的水域，即现在以他的名字命名的罗斯海。

1911 年 10 月 20 日，阿蒙森等一行 5 人开始了南极点的远征。

1911 年 11 月 1 日，以斯科特为首的 5 人探险队在支援队的陪同下，离开了麦克默多海峡，向南极出发。

1928 年～1930 年，美国的伯德在惠尔湾内建立了小美洲基地；1933 年～1939 年，美国的埃尔斯沃思进行了四次探险。1935 年，伯德完成了横越南极大陆的飞行。

1949 年～1952 年，由挪威、瑞典和英国所组成的探险队，在毛德皇后地从事科学事物的研究。

1957 年冬，由 88 人组成的探险队在南极洲设置了“小美洲五号”基地。1954 年～1955 年，阿根在菲尔希纳冰架上建立贝尔格拉诺基地，1955 年 10 月，“小美洲五号”首次在这里探险飞行。法国在阿黛利海岸建立基地，日本利用破冰船在奥拉夫王子海岸建立基地。比利时在毛德皇后地建立国际地球物理年用的科学考察站。挪威在距玛塔公主海岸 64 千米的内地建立考察站。1957 年 1 月，新西兰在罗斯岛上建立了斯科特站，并派遣补给队，协助富克斯博士领导的探险队在 1957 年末从威德尔海经南极点横越南极大陆到达罗斯海。

知 识 窗

南极洲现在的样子是怎样形成的呢？原来，在古代地球史上，不少大陆曾多次被冰雪覆盖，形成地质史上的冰河期。在 2.5 亿年前，曾出现了石炭一二叠纪冰河期，现在位于赤道附近的像扎伊尔和赞比亚等热带国家当时就处在冰川掩盖之下，而今天被称为南极洲的古陆，那时候同现在的大洋洲地块是连接在一起的。当时，这一带气候温暖，雨量充沛，遍地热带树木丛生，到处飞禽走兽追逐。可是后来，南极大陆最终告别澳大利亚大陆，逐渐向地球南端漂移，直至极地。由于这里纬度高，终年得不到直射的太阳光，气温逐渐变低，造成降雪不融，积冰不化。随着岁月流逝，世纪更替，原来兴旺一时的生物销声匿迹，成了长眠在地下的化石，原来四季如春的境地竟然风雪肆虐，变为奇寒酷冷的冰库。

拓展思考

1. 南极大陆被哪几个大洋包围？
2. 在全球六块大陆中，南极大陆排行第几位？
3. 简单列举人类的探险历史。

第二章 南极的气候条件

NANJIDEQIHOUTIAOJIAN

南极不仅是世界上最冷的地方，也是世界上风力最大的地区。气候异常寒冷、终年覆盖冰雪，为寒带冰原气候，号称世界风库、寒极、干极。全洲年平均降水量为55毫米，大陆内部年降水量是30毫米左右，极点附近几乎无降水，空气非常干燥，极地高气压长年盘踞，水气少，但是因为气温长年在零度以下，所以积雪、积冰不化，有“白色荒漠”之称。

南极气候之酷寒

Nan Ji Qi Hou Zhi Ku Han

南极是世界上最寒冷的地方，素有“世界寒极”之称。南极点附近的平均气温为－49℃，寒季时可达－80℃。

南极上没有春夏秋冬四季的分别，只有暖季和寒季之别。即使是从每年的11月到次年3月的暖季，南极内陆的月平均温度也在－34℃到－20℃之间。至于每年4月到10月的寒季，南极内陆的气温一般在－40℃～－70℃之间，可想而知有多么寒冷。

如此寒冷的天气对人类和一切有生命的物体都是很可怕的威胁，在南极，因寒冷而冻伤致残的事例频频发生。美国国家科学基金会为南极考察队员专门编写的《南极生存指南》中特别提出警告：“如今的南极作业，面部冻伤是最常见的，而手、脚和其他暴露皮肤的部位也会冻伤。”

南极的寒冷首先是与它所处的高纬度地理位置有直接关系，由于高纬

※ 南极冰川

度地理位置，导致了在一年中漫长的极夜期间没有太阳光。同时，与太阳光线入射角也有关系，纬度越高，阳光的入射角越大，单位面积所吸收的太阳热能越少。南极位于地球上纬度最高的地区，太阳的入射角最小，阳光只能斜射地照在地面上，而斜射的阳光热量又最低。再者，南极大陆地表 95%被白色的冰雪覆盖，冰雪对日照的反射率为 80%～84%，只剩下不足 20%到达地面，而这可怜的一点点热量又大部分被反射回太空。南极的高海拔和相对稀薄的空气又使得热量不容易保存，所以南极异常寒冷。

南极常年被冰雪覆盖着，就形成了厚厚的冰山，规模巨大的冰架是南极特有的景观，当然了厚厚的冰架也是非常美丽的。在南极大陆周围，越接近大陆的边缘，冰变得越薄，并伸向海洋，海冰浮在水面上，形成了宽广的冰架。这样也就是说，冰架是南极冰盖向海洋中的延伸部分，这些冰架的平均厚度为 475 米，最大的冰架是罗斯冰架、菲尔希纳冰架、龙尼冰架和亚美利冰架。如果加上这些冰架，南极大陆面积可增加 150 万平方千米。冰架能以每年 2500 米的速度移向海洋，在它的边缘，断裂的冰架渐渐漂移到海洋中，形成巨大的冰山，冰山为南极的装饰更增加了一份力量。

南极之所以酷寒，主要是由于它所处的纬度高、地势高和大陆终年被冰雪覆盖等原因造成的。

(1) 从太阳辐射中获取到的热量特少

南极洲绝大部分在南极圈的内部，一年中有暖和寒季之分，暖季只有几个月全是白天，但太阳高度角小，所获热量很少；寒季有很长时间处在漫长的黑夜里，全年太阳辐射收入的热量极少是南极洲酷寒的一个最为主要的原因。

(2) 冰雪覆盖厚度深

南极洲是一个被冰雪覆盖的大陆，冰雪平均厚度达 1700 多米，到达地面的太阳辐射有约 3/4 被冰雪反射回空中，这样南极洲太阳辐射收入的热量就很少。

(3) 海拔高度高

南极洲是世界上平均海拔最高的一洲，在对流层中，大气的温度是随高度的增加而降低的，一般每升高 1000 米，气温都随着下降 6.5℃。山顶的气温与山脚底下的气温一样，由于南极洲地势很高，使得这里的气温比其他洲更低。

(4) 极地西风环流的影响

在南纬 40°～60°的地区，有一持续的西风环流，西风环流对南极的气候有一定影响，在它周围形成一种特殊的“风壁”，正是这种“风壁”阻碍了暖热地区的暖气流进入南极洲。

知识窗

南极为什么会这么寒冷呢？对南极的奇寒，不能有一丝一毫麻痹之意。这是由于南极冰盖犹如一面巨型反射镜，把太阳辐射热量的90%反射回宇宙空间的缘故。在南极的寒季，太阳几乎很少露面，南极的大地吸收的热量是微乎其微的，但是到了暖季，虽然太阳终日在地平线上徘徊，可是，雪白的冰盖表面又拒绝接受太阳的热量，结果南极终年是大地封冻的荒凉景象。

拓展思考

1. 南极有没有四季之分？
2. 南极的雪山是怎么形成的？
3. 南极酷寒的原因是什么？

南极气候之暴风

Nan Ji Qi Hou Zhi Bao Feng

南极的地面上太过平坦，没有山脉和植被等阻挡风，再加上低温，冷空气需要弥补其他地区热空气的流失，必然形成强大的风。冷空气的密度大而且比较重，南极中心地区海拔较高，冷空气就顺着地形向四周扩散，形成了强悍的暴风雪。南极气压和地势都很高，地表没有植被，摩擦力非常小，气压剃度很大，风速也必然很大，因此就成为了地球上的“风库”。

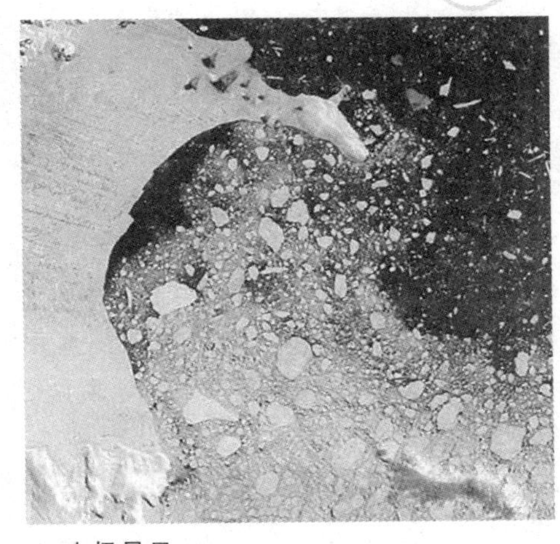

※ 南极暴风

南极的冷不一定能冻死人，南极的风能杀死人，有人称南极是“暴风雪的故乡”。而寒冷的南极冰盖则是孕育暴风的产床，它就像一台制造冷风的机器，每时每刻都用冰雪的躯体冷却空气，一旦沉重的冷空气沿着南极高原光滑的表面向四周俯冲下来，顿时狂风大作，天昏地暗。由于南极大陆是中部隆起向四周倾斜的高原，一旦沉重的冷空气沿着南极高原光滑的表面向四周俯冲下来，一场可怕的极地风暴便大施淫威了。这个时候，人们就会发现雪冰夹带着沙子从滑溜溜的冰坡铺天盖地滚来，简直像一道无形的瀑布，像一股飞奔而来的洪流，人在暴风中不过像迅猛流水中的一片叶子和一粒石子，更别想站住脚。日本的一位考察队员就在暴风雪中被吹得卡在冰柱中失去了宝贵的生命。

那么，南极的风究竟有多大呢?

人们通常所说的 12 级台风，风速达到每秒 32.6 米，这样的风够大了吧？可是南极的狂风常常超过 12 级台风。在南极半岛、罗斯岛和南极大陆的内部，风速常常达到每秒 55.6 米以上，有时甚至达到每秒 83.3 米。

在南极的各国科学站中经常会遇到暴风袭击的情景。尤其是在寒冷而黑暗的冬季，呼啸的狂风，将所有的房屋摧毁，推倒通讯铁塔，卷走了众多的车辆，甚至将一座科学站变成一片废墟，这种事是经常发生的。

因此，为了考察人员的自身安全，南极各国科学站都有严格规定，大风时节是绝对禁止外出的，一切室外活动都是不允许的。平时外出一定要两人结组同行，并给每人一个登山包，里面装高频电话、食品、鸭绒睡袋、海绵垫和铁铲等物品，以维持个人的生存。在各国南极科学考察站周围，都建有大小不一的“避难所”。在外考察的科学家一旦碰上突如其来的暴风雪，一时又赶不回到站的，均可就近躲进避难所。避难所的门是不上锁的，更是不分国籍的，“南极人”可以进任何国家的避难所食宿，离去时只需留字致谢。

为了保障考察人员不慎迷失方向，在中途的科学站建筑物之间的道路上设置了标桩，拉上粗粗的绳子。当外出的考察人员遇上暴风雪的时候，可提供队员们扶着绳索行走，以防被暴风雪刮走。这条绳索被南极考察队员称之为“南极救命绳”。南极的风虽然危害很大，只要加以合理利用，同样可以为南极科学考察服务。现如今，中国南极中山站就安装了一套风力发电设备。

知识窗

南极的暴风为什么这么频繁而强劲？根据科学研究，一方面是由于南极大陆冰盖中心高原与四周沿岸地区形成一个陡坡地形，内陆高原的空气遇冷收缩，密度加大，这种又冷又重的冷气流，从冰盖高原沿着冰面陡坡向四周急剧下滑，到了沿岸地带，地势骤然下降，使冷气流下滑速度加大，于是便形成了具有强大破坏力的下降风；另一方面，由于地球自转的影响，向北流动的气流总是向左偏转，于是在南极大陆沿海地带形成了偏东大风。

拓展思考

1. 为什么说南极的风能杀死人？

2. 如果在南极遇到了暴风，探险员避难的时候是否存在种族区别？

3. 南极的暴风为什么频繁而强劲？

南极气候之干燥

Nan Ji Qi Hou Zhi Gan Zao

南极也是世界上最干燥的大陆，由于极端的温度，南极地区常年受极地高压控制，气流下沉，不易形成降水，每年的降雨量常常不足5厘米。南极地区常年受极地高压控制，气流下沉，不容易形成降水。极地东风，由高纬度吹向低纬度地区，不易形成降水。南极漂流，使温度明显降低，使南极的气候更加干燥。

由于气候寒冷，南极大陆降下来少量的水，也不是液态的雨水，而是纷纷扬扬的雪花或雪粒。这里不同于撒哈拉大沙漠高温少雨的典型热带沙漠气候，南极大陆的干旱却是因为低温寒冷造成的。根据科学家的观测记录，整个南极大陆的年平均降水量只有55毫米。降雨量的多少从沿海向内陆呈明显下降的趋势。沿海地区，冷暖气流的交汇，降水量较多，每年可达300毫米～400毫米，但这些降水量较多的地区都处在南极大陆的边缘。

除了南极半岛北端以及较低纬度的一些岛屿，在暖季的时候有降雨现象，整个南极大陆实际上是看不见降雨的。到南极大陆进行科学考察的科学家，最明显的感觉是空气干燥，在最初的前几个星期里，到过南极的所有的人嘴唇都出现干裂的现象。南极大陆由于覆盖广袤的冰原，它的上空常年为高压冷气团控制，从海洋上吹来的暖湿气流根本无法进入南极内陆，而且在寒冷冰原上空的冷空气异常干燥，含有的水蒸汽极少，所以越往南极内陆，降水的机会越少。年平均降水量只有30毫米，南极点附近只有5毫米，几乎没有出现降水的现象。

南极洲大部分地区被厚达4000米的冰层覆盖，但是约4000平方千米的区域却无冰雪覆盖，分布着许多异常干燥的山谷。近些年来，一支国际科考组深入干燥谷进行探险和考察，发现这里是世界上最干燥的地方，也是地球上最接近火星环境的区域。

南极洲绝大部分的土地常年为冰雪覆盖，在这一望无际的雪原中，却有一个神奇的无冰雪地带：这里由三个巨大的盆地组成，它的四壁陡峭，被称为南极洲干谷。这些干谷边坡陡峭，呈U字形，原来是由冰川刻蚀而成的，后来冰川融化，是地球上最干燥的地方。这些山谷已经有200多万年没有下雨了。干谷的年降雪量只相当于25毫米的雨量，这么少量的雪不是被风吹走，就是被岩石吸收的太阳热量融掉了。因此，干谷内没有半片雪花，和四周美丽的雪景形成了鲜明的对比。

麦克默多干燥谷位于南极洲麦克默多湾以西的地方，主要由一系列山谷而构成。麦克默多干燥谷之所以被称为干燥谷，是因为这里异常干燥，空气中没有一丝水汽，时速300多千米的大风，几乎把所有的水分都吹走了，只留下光秃秃的不毛之地，大概就形成了这样恶劣的环境。不过就是在这样严酷的环境里，仍然在相对“湿润”的岩石内部发现了光合细菌。

极度干燥，使各国科学站对防火视为性命攸关的大事。因为他们知道，干燥加上风大，哪怕有一点点小火星，都会酿成难以挽回的大祸，都会发生巨大的火灾。澳大利亚在南极大陆东部濒临纽康姆湾的凯西站，就曾在一场大火中毁于一旦。为了防御可能发生的火灾，各国新建的科学站的房屋都注意到了要保持一定的间隔，对易燃物品如木料和油桶的存放尤其小心。

知识窗

南极的各国科学站如此重视防止火灾，不是没有原因的，这不仅是因为南极是地球的风极，大风的天气会容易酿成火灾，而且南极是世界上最干燥的大陆，又缺乏水源，一旦着火，必定造成可怕的灾难。此外，各国都十分重视建筑材料的防火性能，中国在南极建成的第一个科学站——长城站，室内的天花板、四面的墙壁采用的是石膏板，室内地板、房门和地毯也经过防火处理，目的都是为了杜绝火灾事故。

中国南极长城站的各栋房屋之间都保持一定距离，贮存燃料的油库特意建在距离站区很远的海滨高地，这都是预防火灾的措施。

拓展思考

1. 为什么说南极气候是干燥的？
2. 南极大陆的降水量是多少？
3. 对于南极的气候干燥，科学家采取了怎样的防范措施？

南极气候之冰封

Nan Ji Qi Hou Zhi Bing Feng

南极大陆是地球上最神秘和最寒冷的地方，南极地表大范围被常年不融化的冰雪覆盖。南极冰盖始于渐新世末，至少在距今 500 万年前就达到目前规模。工作在南极大陆的科学家们，将为人类一一揭开蒙在南极大陆的面纱。

我们的星球在茫茫宇宙中是一颗蔚蓝色的行星，神奇的生命之水赋予了星球最美丽的容貌。可是，水在地球两极却不堪忍受极地的奇寒，凝成一片白色的世界。

如果坐飞机越过南极的上空时，将会发现南极大陆是一个中部隆起的、向四周缓缓倾斜的高原，巨大而深厚的冰层如同一个银铸的大锅盖，

※ 冰封的南极

倒扣在南极大地的上面，所以，南极大陆又称为南极冰盖。南极冰盖的厚度是非常惊人的，平均厚度为2000米，最厚的地方可达到4800米。尤其是在南极冬季降临时，大陆冰盖与周围海洋中的固定海冰连为一体，形成3300万平方千米的白色冰原，面积超过整个非洲大陆的面积。南极冰盖的总体积多达2450立方千米，如果南极的冰川全部融化，全球洋面将升高60米，地球上的陆地面积将因此而缩小2000万平方千米。这将会给世界上人口相对稠密的低海拔地区造成巨大的灾难，这是非常可怕的。

南极冰盖的最高点大约在南纬51°、东经75°一带，在海拔高度4200米之上，由此向四周的方向倾斜。由于重力作用，冰盖向弧度底的运动令冰层开裂，冰原上便密布着无法尽数、隐藏在白雪下肉眼无法看见的冰缝。

由于南极冰盖如此之大、如此之厚，它的质量当然也相当可观。在广阔无垠的冰原上，除了少数高耸的山峰露出一点尖峰陡岭，大部分陆地都埋在深深的冰层下面。实际上，南极大陆的地壳不堪重压，竟然下沉了600～1000米。

南极洲位于南极点四周，为冰雪覆盖的大陆，周围岛屿星罗棋布。南极洲四周围绕着多风暴且易结冰的南大洋，为大西洋、太平洋和印度洋的延伸。南极洲距离南美洲最近，中间隔着只有970千米的德雷克海峡。距离澳大利亚约有3 500千米，距离非洲约有4000千米，与中国北京的距离约有1.2万千米。

南极洲是由冈瓦纳大陆分离解体而形成的，是世界上最高的大陆，平均海拔2350米。横贯南极山脉将南极大陆分为了东、西两部分。这两部分在地理和地质上差别很大。东南极洲是一块很古老的大陆，根据科学家们的推算，已有几亿年的历史。南极洲的中心地带位于难接近点，从任何海边到难接近点的距离都很远。

南极洲上分布纵横密布的冰缝比暴风雪来得更恐怖，这些深达千米，由白色渐变为蓝色的冰缝冒着白色气体，像被打开的魔瓶一样，考察队员们把这些白色的气体叫做“地狱之门”。如果掉下去的话，就会万劫不复。然而，最危险是有的冰缝上有一层称为冰桥的薄冰层，冰上的人根本无法看到下面是否有冰缝，只有当人或车辆经过的时候，才会突然发生崩塌。

在格罗夫山的监测考察过程中，两名队员骑着雪地摩托车外出。行驶中摩托车突然往下一沉，在后座的队员急忙用双脚一撑冰面，前座的队员则下意识地一轰油门，当他们刚冲上冰面，身后便塌陷了一个比车身还宽的冰缝。面对着身后的这个冒着白气的森然洞口，两位在生死间打了个转的考察队员在南极－30℃的寒风中出了一身冷汗。所以，在南极洲上行驶

车辆的时候要格外小心。

一些科学家们拒绝谈论全球气候变暖的问题，这为一场新的争论铺平了一条新的道路，然而，他们争论的焦点是：气候变暖到底是气候自然变化还是气候的变异？在不否认存在气候变暖现象时，对于这一结论，对人为因素和自然因素在气候变暖现象中的影响进行了相关解说。

知识窗

气候变化的原因可能是自然的内部进程，或是外部强迫，或者是人为地持续对大气组成成分和土地利用的改变。既有自然因素，也有人为因素。在人为因素中，主要是由于工业革命以来，人类活动特别是发达国家工业化过程的经济活动引起的。化石燃料燃烧和毁林、土地利用变化等人类活动所排放温室气体导致大气温室气体浓度大幅增加，温室效应增强，从而引起全球气候变暖。气候变化导致灾害性气候事件频发，冰川和积雪融化加速，水资源分布失衡，生物多样性受到威胁。气候变化还引起海平面上升，沿海地区遭受洪涝、风暴等自然灾害影响更为严重，小岛屿国家和沿海低洼地带甚至面临被淹没的威胁。气候变化对农、林、牧、渔等经济社会活动都会产生不利影响，加剧疾病传播，威胁社会经济发展和人民群众身体健康。据政府间气候变化专门委员会报告，如果温度升高超过2.5℃，全球所有区域都可能遭受不利影响，发展中国家所受损失尤为严重；如果升温4℃，则可能对全球生态系统带来不可逆的损害，造成全球经济重大损失。据2006年中国发布的《气候变化国家评估报告》，气候变化对中国的影响主要集中在农业、水资源、自然生态系统和海岸带等方面，可能导致农业生产不稳定性增加、南方地区洪涝灾害加重、北方地区水资源供需矛盾加剧、森林和草原等生态系统退化、生物灾害频发、生物多样性锐减、台风和风暴潮频发、沿海地带灾害加剧、有关重大工程建设和运营安全受到影响。

拓展思考

1. 南极覆盖的厚度是多少？
2. 南极冰盖的最高点是什么位置？
3. 对于南极气候变暖的问题，科学家是怎样解释的？

南极气候之气候变暖

Nan Ji Qi Hou Zhi Qi Hou Bian Nuan

南极地区的气温和降水的变化及区域差异与南极的波动有着密切的联系，在全球变暖的大背景下，南极地区的气温都有上升趋势，年平均气温也呈上升的趋势。气温上升趋势最强烈的是冬季，其次是春季，降水量全年都有增加趋势。气温和降水的变化不同季节和地区有较大的差异。气温的增暖主要是冬季和春季，而夏季平均气温呈下降趋势。东南极地区一些地区的年平均气温也有下降趋势。

众所周知，在南极洲这片冰川大陆上，树木植物是根本无法生长的，只有南极发草和南极漆姑草星星点点地散布在南极洲西部地区和周边小岛上。近年来，随着全球气温的上升，南极洲的夏天变得更久更热。高温化掉了南极洲和周围海岛上的冰雪，使得裸露着的地方开始生长苔藓。同

※ 冰雪融化

时，南极洲的土壤因气温的升高开始分解出了氮气，充足的氮气为南极发草的生长提供了极佳的养分，导致发草的生长面积蔓延开来。全球燃料消耗所产生的工业氮也促进了南极植物的生长。科学家预测得出，如果照这种情形发展下去，过去白雪皑皑的南极洲终有一天会成为一块“绿色大地”。在中国南极中山站沿岸的冰山群附近，就经常会看到冰山的塌落和听到冰山崩裂的响声，巨大的冰体从 50～60 米高的冰山上塌落入海，可掀起 3～5 米高的涌浪，对在其附近活动的船舶造成了巨大的危险。

在南极有很多的冰山，形状也是多种多样的。有的“金字塔”形或尖顶形冰山，其水下部分伸出巨大的底盘，有的甚至远处看上去为两座冰山，而实际上是连在同一个底盘上，这类冰山水下的伸出部分就像暗礁一样，给距离较近的船舶带来极大的威胁。所以，即使拥有现代化的航行保障手段和坚固的破冰船，不论在远海还是在近岸，冰山仍然是南极海域航行与作业的重要障碍之一，对现代化的考察船构成了严重的威胁。在南极沿岸分布的冰山中，有的是从冰川口的“冰舌”上刚分裂下来的“新生冰山”，这些冰山的重心很不稳定，极容易发生翻滚和倒塌的现象。在夏季，

※ 美丽的南极景色

气温升高，冰山消融变酥，也会使其发生塌落或崩裂，在 2 月底这一现象更为多见。

除了陆地，南极海洋也在发生着巨大的变化。全球变暖导致南极两大冰盖先后坍塌后，一个面积达 1 万平方千米的海床显露在南极洲的表面上。冰架崩解之前，科学家观测海洋生物的唯一途径是通过在冰层内钻孔，但如今科学家轻松地发现了一些过去未知的新物种。

南极地区的气温和降水的变化对不同的区域影响的方式和程度也有区别。通过南极的波动变化使得南极地区对全球变暖响应的方式和强度、及区域的差异等都发生变化。南极冰川融化，南极企鹅的生存环境遭受威胁，冰川融化海平面上升是会淹没南极大陆的。

知识窗

南极洲是天然的科学研究圣地，具有重大的科学研究意义。南极洲空气清洁，大气能见度高，为环境科学家提供可监测大气污染物在全球蔓延程度的场所；南极酷寒、烈风、干燥的气候，为动物学家提供了研究生物对极端环境条件适应性的场所；南极洲 2000 米厚的冰层可以帮助科学家了解地质历史上的冰期和未来的冰期。

拓展思考

1. 南极的冰岛上长着哪两种植物?
2. 为什么说南极会成为“绿色大地”?
3. 全球变暖对南极有什么影响?

第三章 南极生物耐寒机理

NANJISHENGWUNAIHANJILI

生存于南极洲种类不多的生物，有着奇特的环境适应能力，主要表现在耐黑暗、抗低温、耐高盐、抗干燥等方面。在漫长的极夜里，南极洲的生物主要通过变换自身的颜色、改变代谢方式、休眠等办法求得生存。独特的南极环境，孕育着奇特的生物，造就了生物的多种适应性，为科学家研究生物的进化和适应能力，开辟了广阔的天地。

南极生物为什么不怕冷

Nan Ji Sheng Wu Wei Shen Me Bu Pa Leng

南极地区是寒冷的地区，所以上面的生物也是有限的。生活于南极洲种类不多的生物，有着奇特的环境适应能力，这些生物耐寒的生长主要表现在耐黑暗、抗低温、耐高盐和抗干燥等方面。在漫长的极夜里，南极洲的生物主要通过变换自身的颜色，改变新陈代谢的方式、休眠等办法求得生存。

生活在南大洋中的鱼类的抗低温本领，早为人们所熟知。南极鳕鱼能抗冻蛋白的发现，揭开了南大洋鱼类抗低温的秘密。因为抗冻蛋白能降低鱼类血液的冰点，使它们在低温下不冻结。现在人们正依照鳕鱼抗冻蛋白的结构，人工合成抗冻剂，用于现代医学和日常生活中。

常见的南极动物有：

企鹅对我们来说再熟悉不过了，企鹅是南极的土著居民，它是当之无愧的居民。原因是企鹅的数量多、密度大和分布广；现已发现南极地区约有1亿多只企鹅，占世界海鸟数量的1%，南极大陆的沿岸及亚南极区的岛屿上有它们的踪迹。企鹅的那种道貌岸然、彬彬有礼和绅士般的风度，给人留下了深刻的印象。

在南极辐合区以南的南极海域里栖息着南极磷虾，它是一种海洋甲壳类的动物，磷虾的眼柄基部、头部和胸的两侧还有腹部的下面长着一粒粒金黄色的并略带红色的球形发光器，当它们受到惊吓时，发光器就能发出像萤火虫一样的磷光来。

※ 南极磷虾

南极大陆的鱼类有抗低温的本领，早已被人们所熟知。南极鳕鱼抗冻蛋白的发现，揭开了南大洋鱼类抗低温的秘密。某些南极鸟类，还具有同一躯体两种体温的特性。曾经

有人测得南极海鸥双爪的温度为 0℃，而身体其他部位的温度却为 32℃。这样，当它站在冰上栖息时，就缩小爪与冰之间的温差，以减少体温的散失。独特的南极环境，孕育着奇特的南极生物，这样就形成了生物的多种适应性，为科学家研究生物的进化和适应能力，开辟了新的广阔天地。

常见的南极植物：

地衣是地球上最古老的植物之一，也是一种最为原始性的低等植物。地衣主要分布在南极大陆的沿海地带和岛礁的岩石上，经过了上万年的生物进化过程，它能适应南极洲那种极端寒冷、干旱的恶劣环境。所以，地衣是南极洲种类最多、分布最广的南极土著植物。地衣是靠孢子繁殖后代的，是在极短的南极夏季中完成其生长发育过程的。其自身的生长速度十分缓慢，每 100 年才生长 1 毫米。据说，1 株 10 厘米高的地衣，其寿命可达 1 万年之久，可见它的生命是非常长久的。

苔藓也是南极洲常见的低等植物之一，苔藓的生长较地衣需更多的水分，因此，它的种类没有地衣那么多，分布也没有地衣广泛。苔藓主要分布在夏季有冰雪融化能提供充足水分的地区，就有大面积的苔藓生长。例如，在南极大陆的沿海地区，特别是在雨水较多的南极半岛和南极大陆周围的岛屿上分布较为广泛。

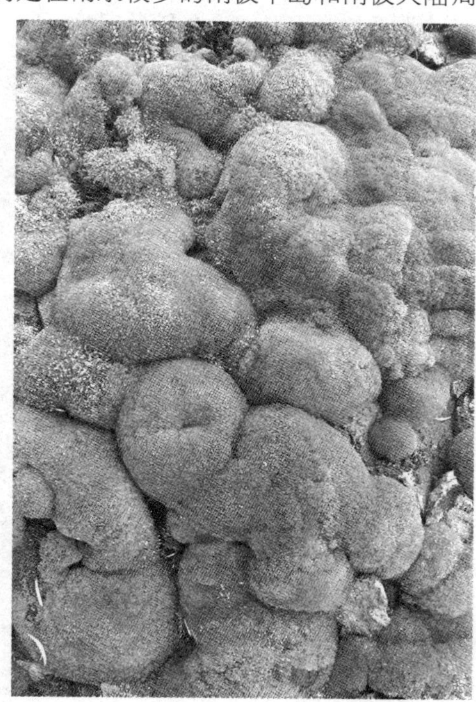
※ 苔藓

除此之外，在南极洲还有生物量极其丰富的藻类，种类达 130 多种，最为常见的是冰藻、褐藻和绿藻。它广泛分布在南极大陆沿海潮湿的陆地表面、岩石表层、石缝、冰雪融化的溪流和季节性的湖中，特别是在有企鹅栖息地流出的溪水中，由于含有丰富的氮、磷营养盐，藻类的生长显得异常繁茂。

在维多利亚地的一个淡水湖里，有一种“湖藻”能忍受 4 个月的极夜，在极夜来临前，它能充分利用白昼的阳光，高效率地进行光合作用，合成大量的有机物，这些有机物除供湖藻生长发育外，还将剩余部分排到体外，储存在它生活的水环境中。在极夜期间，它就停止光合作用，并吸收它释放出来的有机物，维持最低限度的代谢，就能发育生长。有一种名叫轮虫的生物，便可以不吃不喝地休眠4个月，度过漫长的极夜。还有一种名叫“冰雪藻”的生物，有阳光时，它便成绿色，黑暗时便成蓝绿色，依靠这种变换，吸收不同波长的光进行光合作用而生存下去。

南极大陆周围的海冰非常洁白干净，一尘不染，如果游客看到在海冰上钻取的冰芯或是看到破冰船翻起的海冰，就会发现海冰中间是黄褐色的，原来，南极大陆周围的海冰中间，生活着大量的藻类，即使是在南极寒冷的冬季也进行着光合作用。然而，令科学家没有想到的是，这些富有生命力的有机体竟能在3500多米深的冰层里生存。对于这些生命物质的研究将有助于人们了解南极冰层深处的生态环境，从而进一步发现南极冰下不为人所知的一面，这样就为进一步揭开南极奥秘提供了重要帮助。

人类生物节律是经过数万年进化形成的遗传机制，生物节律功能降低不仅仅引起生理问题，还容易使人焦虑烦躁，从而产生心理问题。南极大陆上没有自然繁衍的土著居民，人类进化的生物节律是否适应南极特殊周期环境是一个很大的科学之谜，也是若干年以后人类可否向南极大陆大规模迁徙而必须解答的一个科学问题。

※ 美丽的海冰

寒冷的南极，生物的种类有很多，然而随着冰川的暖化，形成的美景也是美不胜收的。

知识窗

余万霞说："在南极度夏，科考队员'晚上'只能拉上厚厚的窗帘入睡。去野外考察，如果不看表，根本感觉不到时间的变化，连吃饭也没有早餐、中餐还是晚餐的概念。而且，远离人类聚居区，安静得出奇的环境，远离祖国和亲人的孤独心理常常困扰考察队员，让人类感到莫明其妙的狂躁。此外，南极寒冷，人体体温调节生物节律的能力下降。在中国南极考察队员中进行生物钟基因检测与研究，可初步认识到中华民族人种群生物遗传节律机制是否适应南极大陆。"

拓展思考

1. 南极大陆的鱼类有什么特点？
2. 南极大陆的海冰有什么特点？
3. 南极大陆常见的生物有哪些？

企鹅为什么能够在南极生存

Qi E Wei Shen Me Neng Gou Zai Nan Ji Sheng Cun

说到南极动物，首先想到的是企鹅。南极是企鹅的乐园，也是南极的象征。南极终年积雪，异常寒冷，但是却是企鹅生活的乐园。企鹅是种很古老的海鸟，可能在南极还没变得那么寒冷以前，它们就居住在这里了！经过长时间的进化和时间的演练，企鹅全身的羽毛变成重叠、密接的鳞片状，几乎不透水，保暖性非常好，而特别肥厚的皮下脂肪使它更耐寒，在冰水中游泳就不在话下了。

企鹅是一种恒温动物，候鸟也有季节迁移的特性，而企鹅自身是不会迁移的。大多数种类的企鹅生活在亚南极水域的岛屿上，它们依恋故乡的感情是十分强烈的。

原来在很久很久以前，南极并不是一个冰天雪地的地方，企鹅的祖先就生活在那里了。后来南极的气候变得越来越冷，许多动物因为忍受不住寒冷而离开了，但企鹅在适应环境的过程中，羽毛变得密集重叠，大陆的漂移将企鹅留下，它们的主食是甲壳类动物和软体动物，这里的海洋面

※ 企鹅

宽，可说是水族最繁荣的领域。南极没有凶猛的食肉野兽，使企鹅的生存又多了一分安全保证。企鹅的祖先是管鼻类的动物，它们是从赤道以南的区域开始发展起来的。根据动物学家的推测，它们那时只选择了南下，而没有继续向北挺进。因为热带炎热的气候阻挡了企鹅北上的道路，特别是它们无法忍受热带的暖水。

御寒散热，企鹅之所以能够低抗南极那种极度的寒冷，是因为它们不仅有特别厚的皮下脂肪，而且全身的羽毛特别光滑，覆盖异常严密，风一吹就会紧紧地贴在身上，有效地防止了身体热量的散失。当企鹅伏在窝里的时候，因为其羽毛保温的作用特别强，所以落在它们身上的雪不会融化，就像又盖了一层棉被似的，形成了一个隔热层，反而睡得更加舒服。但是，有其利必有其弊，一到夏天，天气稍微暖和一点，企鹅就会热得受不了。通常，它们会站立起来或张开嘴巴呼吸来散热。它们羽毛稀少的头部也是很好的散热器。此外，还可以用梳理羽毛呼扇着翅膀、叉开双脚等方法将身体内多余的热量散发出来。当这些方法都无济于事时，它们就会跳到海里去痛痛快快地洗个燥。

世界这么大，企鹅却选中这块冰冷的天地繁衍生息，这到底是什么原因呢?

第一，企鹅是最古老的一种游禽，它们很可能在南极洲未穿上冰甲之前，就已经来此定居。也可能那时的南极大陆与美洲等大陆相连，既能防止海水浸透，又能抵御寒风的侵袭，使它可以继续呆在南极。这块充沛的食源地，就成了企鹅安家落户的好地方。

第二，南极的风雪低温，使可能生存的一些生物遭到淘汰，而企鹅在数千万年的暴风雪磨炼中，经过漫长的进化，使它们整体的羽毛已变成重叠、密集的鳞片状。企鹅的皮下脂肪层特别肥厚，这对维护体温又提供了保证。

第三，很多的高等生物不能在南极生存，在这里生存的企鹅没有天敌。南极洲就成了企鹅“与世无争”的安全基地。

并非所有的企鹅都生活在寒冷的南极，也有一些生活在温带。但是，它们共同的特点就是耐寒，不耐热。中午时分，企鹅大多躲在阴凉的地方，只在黎明或黄昏气温较低时才出来活动。企鹅是游泳和潜水的高手。

如果人类不注意保护南极这一干净的土地的话，那么，几十年后在这片领域也许就见不到企鹅了。企鹅在南极生物圈占据着重要地位。南极海洋中的鳞、虾养育了大量的企鹅，而企鹅又成为海豹、虎鲸的重要食物来源。因此，可以说，没有企鹅就没有繁荣昌盛的南极动物世界。南极不适应许多动物生活，而企鹅长期生活在“与世无争”的环境里，没有自然的天敌，最后当然唯我独尊。

知识窗

目前已知全世界的企鹅共有18种。特征为不能飞翔；脚生于身体最下部，故呈直立姿势；趾间有蹼；跖行性（其他鸟类以趾着地）；前肢成鳍状；羽毛短，以减少摩擦和湍流；羽毛间存留一层空气，用以绝热。背部黑色，腹部白色。各个种的主要区别在于头部色型和个体大小。

包括6属18种企鹅：

1. 王企鹅属（Aptenodytes）

有两种：帝企鹅和王企鹅，是最大型也是最漂亮的企鹅。

2. 阿德里企鹅属（Pygoscelis）

有3种：巴布亚企鹅、阿德里企鹅、南极企鹅。

3. 角企鹅属（Eudyptes）

企鹅中种类最多，分布最广的一属，有6种：凤冠企鹅、响弦角企鹅、竖冠企鹅、史氏角企鹅、冠企鹅、长冠企鹅。

4. 黄眼企鹅属（Megadytes）

只有1种，即黄眼企鹅，分布于新西兰南岛一带。

5. 白鳍企鹅属（Eudyptula）

有2种，是最小型的企鹅，包括：小鳍脚企鹅、白翅鳍脚企鹅。

6. 环企鹅属（Spheniscus）

有4种，是分布最靠北的企鹅，包括：非洲企鹅、洪堡企鹅、麦哲伦企鹅、加岛环企鹅。

拓展思考

1. 企鹅是什么动物？
2. 关于企鹅有什么传说？
3. 企鹅是怎样在寒冷的南极生存的？

南极的鲸是怎样过冬的

Nan Ji De Jing Shi Zen Yang Guo Dong De

※ 南极的鲸

鲸，俗名称之为鲸鱼，但实际上它不是鱼，而是海洋里的哺乳动物。鲸虽然是庞然大物，但并不是都吃鱼类，除少数的齿鲸外，其他的鲸却连小鱼也不吃，而主要以磷虾为食。除少数鲸性情凶猛，有伤人的行为之外，多数鲸的性情还是比较温和的。无论是在什么样的环境下，鲸鱼的体温均保持在36℃左右，常在极圈活动的鲸鱼，也演化出另一类局部异温功能。

鲸是胎生的，幼仔哺乳，它们用肺呼吸。终生在水中生活，而其他海洋哺乳动物和海鸟则前一段时间在水里，后一段时间在陆上生活。这种特殊的习性可能与其起源有直接的关系。擅长潜水是鲸和其他海洋哺乳动物的共同习性之一。

游弋在南大洋的鲸一般不在南极周围的海域中过冬，迁徙生活是鲸的共同习性，像鱼类的洄游和候鸟的迁徙一样，不过只是时间、季节和地点各不相同罢了。迁徙是鲸的一种本能，也是生存所迫导致的，比如须鲸在其他海域进食很少，主要在南极海域进食，所以它必须返回南极海域。像鲸鱼、海豹和海豚这些大部分时间或一直都待在海里的哺乳动物，用特殊的高级脂肪“外衣”保持自己的体温。

鲸脂是一层包裹整个身体的厚重脂肪“外衣”，重量可以达到体重的一半！这层脂肪的内壁上含有细细的血管组织，除帮助保持体温，还为很多需要长途跋涉进行繁殖和觅食的海洋动物提供了重要能量储备。除此之外，这层脂肪还可以帮助快速游动的动物将身体塑造成流线型，减少在水中游动时所消耗的能量，同时提高速度。动物栖身的海水温度变得异常寒冷，其自身的脂肪也就越厚。鲸脂是通过吸食母体乳液获得的。例如，一只灰鲸幼仔每天要喝掉 110 多升乳液，这些乳液的功能相当于人造黄油。但这么厚的皮下脂肪还是不能完全阻挡体温外流，因此鲸鱼还需要摄取大量食物，来维持自身的体温所需能量。

鲸是南大洋中重要的生物资源之一，南大洋的鲸正在受到人们的保护，但也有个别国家不顾禁令，肆无忌惮地在南大洋捕杀鲸鱼。南大洋的鲸多数是从亚热带和温带迁徙过来的，在每年的 11 月左右到达南极海域，其他多数鲸种在南极地区或在迁徙的途中寻偶、交配，在温带和亚热带等地方繁殖后代。在南极海域很难看到正在哺乳的幼鲸。

鲸鱼和其他温血动物最大的不同点在于：其活动环境是在较低温的水中，水有相当大的比热及传热能力，因此温度变化很快，鲸鱼无法以聚集、筑巢等方式维持体温，于是演化出超厚的皮下脂肪。过去曾记录过，鲸鱼脂肪厚达 50 厘米。

鲸鱼的前鳍、尾鳍和背鳍并无鲸脂的分布，当鲸鱼潜到阳光照射不到的深海，或是南、北极的时候，鲸鱼的鱼鳍难道不会冻到无法活动吗？对此，鲸鱼鳍上的动脉分为无数平行的小动脉，每条小动脉周围又被许多纵行的静脉血管包围，形成一个一个的血管束，利用动脉与静脉的紧密接

※ 美丽的鲸鱼

触，从而减少热能的散失，关于这一点和企鹅脚不怕冷的道理是一样的。

血管束主要控制鲸鳍末端有可能散失的热，继而保持体内的温度，但当鲸鱼因为活动，动脉血将一直保持着原有的温度到达鳍肢，并把过多的热量散发出去的时候，中途就不再把一部分热量传递给静脉。鲸鱼还会透过血管的收缩，有效维持体温，当水温上升时，体表面的血管便会扩张，加速身体的散热功能。

保护人类的朋友——鲸和其他生物，爱护地球是人类一项艰巨而神圣的责任。

知识窗

蓝鲸是一种海洋哺乳动物，属于须鲸亚目。蓝鲸被认为是地球上生存过的体型最大的动物，长可达33米，重达181吨。蓝鲸的身躯瘦长，背部是青灰色的，不过在水中看起来有时颜色会比较淡。蓝鲸不容易捕杀和保存。蓝鲸的速度和力量意味着它们通常不是早期捕鲸人的目标，他们选择捕杀抹香鲸和露脊鲸。当这两种鲸数量减少后，捕鲸人选择捕杀须鲸的数量增加，包括蓝鲸。1864年，挪威人斯文德·福因用专门设计捕捉大型鲸鱼的渔叉装配了他的轮船。虽然最初很麻烦，但这种方法很快流行起来，19世纪末，北大西洋的蓝鲸数量开始减少。

拓展思考

1. 南极鲸鱼是如何过冬的？
2. 南极鲸鱼与其他混血动物有什么不同之处？
3. 南极鲸鱼是通过什么来散热的？

南极周围海底是否有生物存在

Nan Ji Zhou Wei De Hai Di Shi Fou You Sheng Wu De Cun Zai

南极周围的海域一年之中一多半的时间都是被海冰覆盖着的，在海冰上除了能看见海豹和企鹅以外，几乎看不到其他的生物。冬季，这里是超过－40℃严寒的冰雪世界。然而冰下海水的温度为－1.8℃。一年四季温差很小，然而和冰冷的海冰上的温度相比，可以说是非常暖和的环境。因此，生活着为数众多的底栖生物，考察队员冬季在海冰上打冰洞钓鱼时，若鱼钩放到海底，经常会钓上南极易断海星等底栖生物。

在比较浅的海底，生活着外径直径为3～4厘米的红色海胆，它身体的躯壳是淡红色，还有很像扇贝的南极日月贝、腕足长5厘米的蛇尾纲、体长1～4厘米的海蜘蛛、长达1米的纽形动物等。多岩石的海底比沙质海底生长着更多的动物，有各种大小的海绵动物和海鞘、八放珊瑚类、在石灰质洞居住的沙蚕、红色的海星和腕足长20～30厘米的海齿花等。在看惯了满是白色海冰的眼里，还可观赏到如此丰富的海底生物，实在令人惊叹不已。有些地方的底栖生物量比温带海域还多。

海鞘广泛分布于世界各大海洋中，从潮汐到千米以下的海底都有它的足迹。

※ 海鞘

由于海鞘喜欢寒冷的地方，主要生存的地区都在寒带或温带，热带地区较少并且个头也异常小。可食用的海鞘只有一到两种，目前在日本宫城和岩手两县，有大面积养殖海鞘的地方。产季在每年的6到8月，被称为“东北珍味”。由于产季短、产量小，所以只有在日本、韩国和法国有较多的作为食材来食用。由于海鞘的外层有较厚的纤维所以需用利刃剥开，方能食用。生吃的海鞘味道甘甜，但有一定的苦

涩味，其肝脏有强烈的苦涩味。海鞘肉可水煮或用卤汁下去卤，减少苦涩味。

海星是海生无脊椎动物的统称，非属鱼类。身体是扁平的，星形，具腕，现存的有 1800 种。海星分布在各个海洋之中，在太平洋北部的种类最多。辐径 1～65 厘米，多数 20～30 厘米。腕中空，有短棘和叉棘覆盖；下面的沟内有成行的管足，使海星能向任何一个方向爬行，甚至爬上陡峭的墙壁。

※ 海星

这些海底生物大多数都是依靠食用悬浮在水中的颗粒状有机物和沉淀在海底的碎屑而生活，这些颗粒状有机物是由海水中的浮游植物和海冰中的微型藻类的光合作用产生的，也有些浮游生物的粪便和残骸。在阳光充足的夏季，产生的有机物沉入海底，成为底栖生物的饵料。底栖生物除在夏季吃足把营养储存在体内外，在没有阳光的冬季一边吃积存在海底颗粒状有机物，一边改变食性也吃些动物的尸体等，千方百计地使自己机体适应环境来度过饵料少的冬天而存活下来。虽然说南大洋底栖生物的生物量非常大，但因在低水温生活，自身的生长速度缓慢，一旦遭受了破坏，那么要想恢复到原来的状态，就会需要花很长一段时间。

水母，是海洋世界中重要的大型浮游生物。水母的身体直径最长可以延伸到 1 米左右。水母的寿命非常短，平均只有数个月的生命。水母是无脊椎动物，属于腔肠动物门中的一员。全世界的海洋中有超过 200 种的水母，主要分布在全球各地的水域里。

※ 水母

水母的伞状体内有一种

特别的腺，这个特殊的腺可以发出一氧化碳，使伞状体膨胀。而当水母遇到敌害或者在遇到大风暴的时候，就会自动将气放掉，沉入海底。当海面恢复平静的时候，它只需几分钟就可以生产出气体让自己膨胀并漂浮起来。水母触手中间的细柄上有一个小球，里面有一粒小小的听石，这是水母的“耳朵”。由海浪和空气摩擦而产生的次声波冲击听石，刺激着周围的神经感受器，使水母在风暴来临之前的十几个小时就能够得到信息，那些出现在海面上的水母就会一下子全部消失。

知识窗

海洋生物是指海洋里的各种生物，包括海洋动物、海洋植物、微生物及病毒等，其中海洋动物包括无脊椎动物和脊椎动物。无脊椎动物包括各种螺类和贝类。有脊椎动物包括各种鱼类和大型海洋动物，如鲸鱼、鲨鱼等。海洋生物富含易于消化的蛋白质和氨基酸。食物蛋白的营养价值主要取决于氨基酸的组成，海洋中鱼、贝、虾、蟹等生物蛋白质含量丰富，富含人体所必需的9种氨基酸，尤其是赖氨酸含量更比植物性食物高出许多，且易于被人体吸收。

当你们遇到这些受保护的动物以后应当做些什么呢？可千万别忘了这些动物是我国海洋生物中的“国宝”啊！

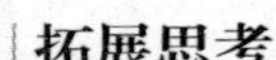

拓展思考

1. 海星有什么特点？
2. 水母有什么特点？
3. 常见的南极海底生物有哪些？

第四章 南极的极地动物

NANJIDEJIDIDONGWU

企鹅是南极的土著居民，是南极的象征。全世界大约有20多种企鹅，全部分布在南半球，它以南极大陆为中心，北到非洲大陆的南端、南美洲和澳洲，栖息在这些大陆的沿岸和岛屿上，常见的南极动物还有海豹、海鸥、海狮、贼鸥等等。

南极动物之企鹅

Nan Ji Dong Wu Zhi Qi E

企鹅中个体最小的是小白鳍，它是企鹅家族中的“侏儒”，它们成体的个头也只近似于其他种类的幼鸟。这种小个子的企鹅分布在澳大利亚，黄眼企鹅分布在新西兰，麦哲伦企鹅分布在麦哲伦海峡，秘鲁企鹅分布在秘鲁，加拉帕戈斯企鹅分布在南美赤道附近的加拉帕戈斯群岛，王企鹅和帝企鹅则是企鹅家族中的“巨人”，这两种企鹅一般体高 1.2 米左右，体重 40 多千克，分布在南极及其周围岛屿。其他像阿德里企鹅、南极企鹅和角企鹅等也分布在南极及其周围岛屿。

※ 企鹅

所有的南极企鹅都有一个共同的形态特征：躯体呈流线型，背披黑色的羽毛，腹着白色羽毛，翅膀退化，呈鳍形，羽毛为细管状结构，披针型排列，足瘦腿短，趾间有蹼，尾巴短小，躯体肥胖，大腹便便，行走蹒跚。不同种的企鹅具有明显的特征，很容易辨认。

潜水生活的中、大型鸟类，具有一系列适应潜水生活的特征：前肢鳍状，适于划水；具有鳞片状羽毛，均分布于体表；尾短；腿短而移至躯体后方，趾间具蹼，适应游泳生活。在陆上行走时躯体近于直立，走起路来左右摇摆。皮下脂肪发达，有利于在寒冷地区及水中保持体温。骨骼沉重而不通气。胸骨具有发达的龙骨突起，这与前肢划水有关，游泳快速，分布在南半球。

企鹅主要以磷虾、鱼和乌贼等为主食，在极地海域生态系统的能量流中占重要地位，身体所排出的粪便，是极地苔藓、地衣等的主要肥料来源，在土壤形成方面有重要作用。可深入到内陆数百千里处集成千百只大群繁殖，繁殖以后可沿海北上至非洲南部，是深入南极冰原内最远的脊椎

动物。企鹅虽步行笨拙，但遇警时可将腹部贴地，双翅快速划动着白雪，后肢似活塞般快蹬，滑行甚速，当你看到这一画面的时候，脸上一定会流露出一脸的笑容。

※ 两只小企鹅

企鹅喜欢群栖，一群有几百只，几千只，上万只，最多者甚至达10～20 多万只。在南极大陆的冰架上，或在南大洋的冰山和浮冰上，人们可以看到成群结队的企鹅聚集的盛况。有时，它们排着整齐的队伍，面朝一个方向，好像一支训练有素的仪仗队，在等待和欢迎远方来客；有时它们排成距离、间隔相等的方队，如同团体操表演的运动员，阵势看起来十分整齐壮观。想象一下自己站在南极的冰块上，看到企鹅方队集体跳踢踏舞的场景，感觉应该比电影中显现出来的更为壮观。企鹅的栖息地因种类和分布区域的不同而异，帝企鹅喜欢在冰架和海冰上栖息；阿德利和金图企鹅既可以在海冰上，又可以在无冰区的露岩上生活；在亚南极的企鹅，大都喜欢在无冰区的岩石上栖息，并常用石块筑巢……

企鹅的性情憨厚、大方，十分逗人。尽管企鹅的外表道貌岸然，显得有点高傲，甚至盛气凌人，但是，当人们靠近它们时，它们并不望人而逃，有时好像若无其事，有时好像羞羞答答，不知所措，有时则是东张西望，交头接耳，叽叽喳喳。那种憨厚中带有几分傻劲的神态，真是惹人发笑。

企鹅是南极的土著居民，人们把它看作是南极的象征。那么，南极企鹅的老家在什么地方？企鹅的祖先会不会飞？企鹅是由什么动物进化来的？这些问题迄今为止仍然是个谜。

“喜欢它并不错，但喜欢就要让它们生活得更好”，如果因人类而使这些可爱的动物“灭绝”，不但我们这些喜欢企鹅的人会伤心欲绝，所有人类也会后悔的！不仅仅是企鹅，我们应该保护世界上的每种动物。

知识窗

仙企鹅，俗称“小企鹅”，因身体轻巧而得名。它是一种比较著名的企鹅，生活在澳大利亚的南部港口城市，动作既轻盈敏捷，又滑稽可爱，很受人们的喜爱。仙企鹅有很强的组织纪律性，经常排队前进。它最有名的地方就是它自带“生物钟”，能知道时间。

这是怎么一回事呢？原来在澳大利亚南部一个城市，海滩上竖着一块牌子，上面写着“企鹅 8：05 P. M. 准时登陆。”人们一开始还不太相信，企鹅怎么会知道时间呢？可是说来也怪，每天的 8 时 05 分，总是有企鹅登陆。企鹅登陆的样子十分滑稽：首先是一个“领队”大摇大摆地出现在狂风巨浪之中，紧接着“先头部队”顺利登陆。后面的部队不断地登陆，显得那样有秩序。它们或 3 个一排，或 5 个一排，十分整齐。登陆总共要用 40 分钟左右，场面十分壮观。在一旁看的人们时而捧腹大笑，时而兴奋地手舞足蹈。

仙企鹅繁殖能力较低，一次只产 2～3 枚蛋，成活率较高。虽然仙企鹅数量并不少，也不是珍稀动物，但数量有下降的趋势，所以我们还是应该保护它，让它的可爱永远存在，永远陪伴着我们。

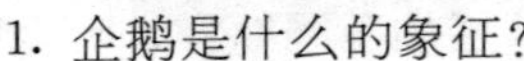

拓展思考

1. 企鹅是什么的象征？
2. 个头最小的企鹅是什么？
3. 企鹅的性情特点是什么？

南极动物之海豹

Nan Ji Dong Wu Zhi Hai Bao

※ 海豹

海豹属于肉食性海洋动物，它们的身体呈流线型，四肢变为鳍状，适于游泳。海豹有一层厚的皮下脂肪保暖，并提供食物储备，使身体产生浮力。海豹无耳壳，鳍不能向前移动，在陆地上只能拖行或扭动。海豹大部分的时间栖息在海中，只有脱毛、繁殖的时候才到陆地或冰块上生活。海豹分布于全世界各个地方，在寒冷的两极海域特别多，食物以鱼和贝类为主。北方海豹的体型通常是比较小的，体长最长也不超过 2 米，主要集中于北冰洋海域，在北温带地区的各个海域也能见到。北方海豹中，人们最熟悉的是分布于北大西洋和北太平洋的斑海豹。

全球海豹共有 18 种，北极地区分布有 7 种，南极地区分布有 4 种。但是从数量上来看，北极海豹不如南极多。南极海豹已被列为国际保护动物。集体中的每一只海豹均密切注意着周围的动向，一旦发现任何蛛丝马迹，整群海豹便会一哄而散，纷纷潜入海中。

在自然条件的作用下，海豹有时在海里游泳，有时又成群结队地来到岸上休息。海豹的游泳本领是非常高超的，速度可达每小时 27 千米，同时又善潜水，一般可潜 100 米左右，南极海域中的威德尔海豹则能潜到 600 多米深，持续 43 分钟左右。

海豹的前脚较后脚为短，覆有毛的鳍脚皆有指甲，指甲为 5 趾，在陆地只能爬行。耳朵变得极小或退化成只剩下两个洞，游泳时可自由地分开和闭合。游泳时大都依靠后脚，但后脚不能向前弯曲，脚跟已退化与海狮及海狗等相同，不能行走，所以当它在陆地上行走时，总是拖着累赘的后肢，将身体弯曲爬行，并在地面上留下一行扭曲的痕迹。体长约 1.5 米，尾巴较短，前、后肢均呈鳍状，适于水中生活。主食鱼类，也吃甲壳类和贝类。大部分时间生活在海中，而产仔、哺乳、交配和换毛时则在陆地或冰块上。

海豹生活在寒温带海洋中，除产仔、休息和换毛季节需到冰上、沙滩或岩礁上之外，其余时间都在海中游泳、取食或嬉戏。繁殖期不集群，仔兽出生后，组成一个新的家庭群，哺乳期过后，家庭群结束。在冰上产出仔后，当冰融化，幼兽才开始独立在水中生活。少数繁殖期推后的个体则不得不在沿岸的沙滩上产仔。以鱼类为主要食物，也食甲壳类及头足类。

在自然条件的作用下，海豹有时在海里游荡，有时在岸边休息片刻。上岸时多选择海水涨潮能淹没的内湾沙洲和岸边的岩礁。例如，在我国的辽宁盘山河口及山东庙岛群岛等地都屡见有大群海豹出没。

※ 美丽的海豹

海豹科成员的身体都是极其肥胖的，皮下脂肪厚，颈粗头圆，后肢和尾巴连在一起，永远向后，在陆地上只能借助身体的蠕动而匍匐先进，走起路来显得非常笨拙，但是在水下则相当灵活，且善于深潜，可以潜入数百米的深处。海豹科成员大体可以分成北方和南方两各类群，二者都可分置在海豹亚科和僧海豹亚科，海豹亚科分布基本限于北半球，而僧海豹亚科出了南半球以外，在北半球的南部也能见到。

海豹的繁殖特点是：产仔、哺乳、育儿必须到陆上或冰上来。怀孕期满的海豹爬到冰上，产下一小海豹，每天及时喂奶，然后精心照料小海豹。由于此时小海豹体弱，活动力差，母海豹便仔细观察周围的情况。当它发现危险时，先将小海豹迅速推到水中，自己随之也潜水而逃；有的海豹则十分聪明，常在其栖息的浮冰上打一个洞，以便可随时逃命；有时遇上较紧急的情况，来不及将小海豹推下水，母海豹就急中生智，突然将身体向空中一跃，用自身的重量将冰砸破，趁机一起逃走。但更多的情况是母海豹先逃走，然后，在远处探出头来仔细观望，若发现一切平安无事，便迅速来到小海豹身边，若见小海豹被擒，常依依不舍地注视着小海豹的

去向。其实，母海豹这样做，也是迫不得已，因为在长期的生存斗争中，若不这样做，母子只能同归于尽，这对种族的繁衍十分不利。

海豹社会中实行的是“一夫多妻”制，在发情期，雄海豹便开始追逐雌海豹，一只雌海豹后面往往跟着数只雄海豹，但雌海豹只能从雄海豹中挑选一只。因此，雄海豹之间不可避免地要发生争斗，狂暴的海豹彼此给予猛烈的伤害。用牙齿狠咬对方，有些雄海豹的毛皮便因此而撕破，鲜血直流。战斗结束，胜利者更和母海豹一起下水，在水中交配，可见这一夫多妻实行起来是多么惨烈。

海豹的经济价值是很高的，肉质味道鲜美，且具丰富的营养，可以用来制作衣服、鞋、帽等来抵御严寒；脂肪可用来提炼工业用油；雄海豹的睾丸、阴茎、精索是极其贵重的药材，俗称海狗肾，与其他药物一起配制而成的中药，具有健脑补肾、生精补血和壮阳的特殊功效；肠是制作琴弦的上等材料；肝中富有维生素，是价值极高的滋补品；牙齿可制作精美的工艺品。正因为如此，海豹所以遭到了严重的捕杀。特别是美国、英国、挪威和加拿大等国每年派众多的、装备精良的捕海豹船在海上狂妄地掠捕，许多海豹，特别是格陵兰海豹和冠海豹的数量减少得特别多。

知识窗

·国际海豹日·

由于滥捕乱猎和海水污染，现在，海豹的种群数量在急剧下降。为了保护海豹这种珍稀动物，拯救海豹基金会在 1983 年决定每年的 3 月 1 日为国际海豹日。

海豹体内含有 7 种人体必需但自身不能合成的氨基酸；血红蛋白含量是牛肉的 20 倍；含铁量是鱼类的 100 倍；含磷量是鱼类的 2 倍；含锌量是鱼类的 4 倍；其他微量元素含量是鱼类的 50 倍，且所含微量元素均为有机结合形式，易为人体吸收利用；同时，海豹体内还含有大量的黏性蛋白。因此，海豹被国际医学界视为一种有相当价值的珍贵资源。

海豹油能够有效调节血脂，清除血液中脂类垃圾。软化血管，保持血管弹性，提高细胞活性，增强机体活力。润肤美容，淡化皮肤斑痕，可以保持皮肤红润和弹性。并可提高人体免疫力和抗病能力，有效预防高血脂。

拓展思考

1. 海豹的生活习性是什么？
2. 海豹有什么营养价值？

南极动物之海鸥

Nan Ji Dong Wu Hai Ou

海鸥是一种中等体型的动物，它的腿及无斑环的细嘴绿黄色，白尾，初级飞羽羽尖白色，具有大块的白色翼镜。海鸥，身长38～44 厘米，翼展 106～125 厘米，体重 300～500 克，寿命达 24 年。头部和颈部是白色，背和肩是石板灰色；翅上覆羽亦为石板灰色，与背同色；腰、尾上覆羽和尾羽均为纯白色。第 1、2 枚初级飞羽黑色而具较大的白色次端斑，基部灰白色或在内翈形成较大形的灰色斑；其余初级飞羽灰色，由外向内各羽具由宽变窄的黑色次端斑及由小变大的白色端斑；内侧初级飞羽的黑色次端斑消失，仅存白色端斑；次级飞羽和三级飞羽为石板灰色而具宽阔的白色端斑；下体纯白色。

※ 海鸥

海鸥是动物王国中一种非常强健的飞禽，海鸥的叫声非常优美和嘹亮，目光犀利，敏锐，飞行起来潇洒、自如。每当它在海面上的船的桅杆周围自由翱翔的时候，便给大海带来了无限的生命力和无穷的魅力。目前，世界上拥的海鸥大约有 100 种，其中有银白色和灰色海鸥占据多数。它们主要生活在沿海附近的悬崖峭壁之上。海鸥是最常见的海鸟，在海边、海港，在盛产鱼虾的渔场上，成群的海鸥漂浮在水面上，游泳和寻找食物，低空飞翔、喜欢群集于食物丰盛的海域。海鸥除以鱼虾、蟹、贝为食外，还爱拣食船上人们抛弃的残羹剩饭，故海鸥又有“海港清洁工”的绰号。港口、码头、海湾和轮船周围它们几乎是常客。在航船的航线上，也会有海鸥尾随跟踪，就是在落潮的海滩上漫步，也会惊起一群海鸥。

海鸥身姿健美，惹人喜爱，其身体下部的羽毛就像雪一样晶莹洁白，这一身洁白的身体吸引了人们的眼球，曾为人们所羡慕而招来了杀身之祸。早在上世纪中叶，欧美上层社会的贵妇人都爱戴有白羽毛装饰的帽子。为此，海鸥成了获取高利猎手的众矢之的，使其濒临绝种。幸好当时

英国波士顿一个生物研究所的几位女研究员及时通过报纸等宣传渠道呼吁人类要保护海鸥，此呼吁发出之后得到许多上层开明妇女的大力支持，而后又在美国马塞诸塞州成立了一个保护海鸥的协会，从而引起世界各国的重视，才使海鸥得以逐年恢复生机，繁衍生息下去。

※ 美丽的海鸥

在我国，海鸥最受昆明人喜爱，大约从 1986 年起，翠湖就有海鸥到来，后来的几年之内逐年增多。目前，昆明已成为我国唯一的红嘴鸥定期并大量栖息的城市，吸引了很多国内外游客前来观光。春城戏鸥已成为昆明的一道靓丽的风景线。红嘴鸥是大自然的重要成员，是人类的朋友，对于维护自然生态的多样性和平衡性有着无可代替的作用。爱护海鸥，人人有责，只要人类积极行动起来，保护生物多样性，保护红嘴鸥，把爱鸥、护鸥变为我们每个人的生态道德观和自觉行动，我们有理由相信，在全社会的共同努力下，就能实现“人、鸥、自然和谐相处”。

知识窗

海鸥是美丽的，也是人类的朋友。由于人们与海鸥在海洋上“和平共处”。“人爱鸟，鸟知情”，海鸥便是海员，水兵的忠实朋友。对舰船来说，一旦在航行中遇到不测，沉船失事，海鸥会马上集成大群，在失事舰船上空大声吼叫，以引导救援舰船来援救。

海鸥还是海上航行安全的“预报员”。乘舰船在海上航行，常因不熟悉水域环境而触礁。搁浅，或因天气突然变化而发生海难事故。富有经验的海员都知道：海鸥常着落在浅滩、岩石或暗礁周围，群飞鸣噪，这对航海者无疑是发出提防撞礁的信号；同时它还有沿港口出入飞行的习性，每当航行迷途或大雾弥漫时，观察海鸥飞行方向，也可作为寻找港口的依据。

拓展思考

1. 海鸥有什么特点？
2. 海鸥深受哪个地方人的喜爱？
3. 海鸥的象征意义是什么？

南极动物之海狮

Nan Ji Dong Wu Zhi Hai Shi

※ 海狮

北海狮是海狮家族中最重要的成员，它有很多种称呼，又叫北太平洋海狮、斯氏海狮、海驴等，是体形最大的一种海狮，素有“海狮王”的美称。海狮，哺乳纲，鳍足目，海狗科。四肢呈鳍状，后肢能转向前方以支持身体；有耳壳；尾甚短；体被粗毛，细毛稀少。雄的体长 2.5～3.25 米，随着种类有不同的区别；雌的较小。北海狮生活在海洋中，以鱼、乌贼及贝类等为食。等到繁殖时期就来到海岛上产仔。年产一胎，每胎一仔。

海狮的种类比较多，大部分海狮的全身布满了浓密的短毛，但有些种类的雄海狮的颈部长着和陆地狮子相似的、长而密的鬃毛。不同种类的海狮毛色也有些不同，有的黄褐色，有的是褐色的，有的是黑褐色的……雄海狮的体长一般比雌海狮长，雄海狮和一辆小轿车差不多。海狮是一种应用价值很高的动物，无论在科学技术上还是军事上都占有着重要的角色，但海狮也是一种濒危物种，属于国家二级保护动物。

大约在 3000 万年前，海洋里的食物资源大大增加，在那时，有些像犬类的肉食性动物开始慢慢转移到海洋里来寻找食物，为了能适应在水中觅食，它们的身体和生理产生了很大的变化，它们的四肢演化成鳍状以方便在水中游泳，经过长时间的演变进化，就形成了现在的鳍足类动物。

海狮具有和其他的哺乳类动物一样都用肺部呼吸、胎生和恒温等特征。海狮有“海中狮王”之称，它的四脚像鳍，很适于在水中游泳。海狮的后脚能向前弯曲，使它既能在陆地上灵活行走，又能像狗那样蹲在地上。而海豹的后肢却是恒向后伸，不能朝前弯曲，故不能在陆地上行走。

虽然海狮有时上陆，但海洋才是它们真正的家。只有在海里，海狮才能捕到食物，避开敌人的追击，因此一年中的大部分时间，它们都在海上巡游觅食。

北海狮多采用集群的活动，有时在陆岸可组成上千头的大群，但在海上常发现有1头或数十头海狮的小群体。它们主要聚集在饵料丰富的地区，食物主要为底栖鱼类和头足类，我国渤海和黄海中均有分布。除了繁殖期外一般没有固定的栖息场所，雄兽每个月要花上2～3周的时间去远处巡游觅食，而雌兽和幼仔在陆地上逗留的时间相对比较多。北海狮白天在海中捕食，游泳和潜水主要依靠较长的前肢，偶尔也会爬到岸上晒晒太阳，夜里则在岸上睡觉。它的食性很广，主要食物包括乌贼、蚌和鱼类等，多为整吞，不加咀嚼。为了帮助自身的消化，还要吞食一些小石子，以辅助于消化。

※ 美丽的海狮

海狮是一种食肉的动物，它们一生差不多都是在水中度过的，有时能够连续在海里呆几个星期。不过，它们在岸上繁殖。海狮咆哮的时候，声音和陆上的狮子差不多一样。它们长着圆圆的脑袋，鳍状的四肢像翅膀一样，后肢还可以转向前方，在陆地上行走自如。在自然条件下，海狮的活动量大增，它们的食量还会增加一倍。海狮不但食量大，而且胆子也不小。它敢在渔网中钻来钻去，抢夺渔民的收获，然后撕坏渔网逃之夭夭。因此，在渔民眼中，海狮就演变成了过街“老鼠”，人人喊打。由于人们的大量捕杀，海狮的数量不断下降，而且下降率是非常明显的。

在动物园里，海狮是颇受欢迎的角色。它聪明、伶俐。经过训练，它可以学会不少高超的技艺，如顶球、投篮、钻圈、用后肢站起来、用前肢站起来倒立走路，甚至跳跃距水面1.5米高的绳索。海狮的胡子比耳朵还灵，能辨别几十海里外的声音。海狮对人类帮助最大的莫过于替人潜至海底打捞沉入海中的东西。自古以来，物品沉入海洋就意味着有去无还，可是在科学发达的今天，一些宝贵的试验材料必须找回来，比如从太空返回地球而又溅落于海洋里的人造卫星，以及向海域所做的发射试验的溅落物等。当水深超过一定限度，潜水员也无能为力。可是海狮却有着高超的潜水本领，人们求助它来完成一些潜水任务。例如，美国特种部队中一头训练有素的海狮，在 1 分钟内将沉入海底的火箭取上来。

当海狮经过一次成功的捕食而饱餐一顿之后，海狮便会离开水面，到陆地上养精蓄锐。它们有时会在太阳底下睡几个小时，有时会在海滩上慵懒地滚来滚去。然而，在这悠闲的时候，却是海狮很危险的时刻，因为逆戟鲸经常会突然从水中冲出来，捕获离它们最近的动物。

海洋动物表演场里的动物明星要数聪明的海狮了。在大连老虎滩极地馆的海兽馆里生活着 50 余只海狮，这里是目前国内乃至世界最大的人工仿自然状态海狮散养基地。生活在这里的海狮非常惬意，它们有的是在水中自由追逐嬉戏，有的是躺在岸边懒洋洋地晒太阳。等它们饿的时候，会有饲养员为它们精心准备的小鱼。在这里它们是霸主，完全没有必要担心危险降临。

知识窗

海狮科是食肉目动物中的一个科，是长有外耳的鳍足动物，总共有 14 种。而那些长有内耳的鳍足动物则被称为真海豹，即海豹科。

海狮科包括体形比较大的鳍足动物，如在世界各大洋多岩礁的海岸组成很大群的海狗和海狮。与海豹科的动物相比，海狮科的动物还保留着比较好的、适应陆上生活的特征。

在生物分类学中，此科是 1825 年英国动物学家约翰·爱德华·格雷建立的，其拉丁语学名来自于原型标本南美海狮。

拓展思考

1. 海狮有什么之称？
2. 海狮为什么被称为海洋动物表演的明星？
3. 海狮的生活习性是什么？

南极动物之贼鸥

Nan Ji Dong Wu Zhi Zei Ou

※ 贼鸥

在南极海鸥中有一种褐色海鸥，叫做贼鸥。尽管贼鸥的长相并不十分难看，但是，它褐色洁净的羽毛，黑得发亮的粗嘴喙，目光炯炯有神、眼睛圆圆的，而且惯于偷盗抢劫，给人一种讨厌之感。

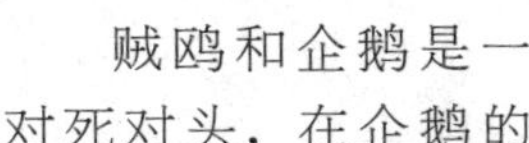

贼鸥和企鹅是一对死对头，在企鹅的繁殖季节里，贼鸥经常防不胜防地袭击企鹅的栖息地，叼食企鹅的蛋和雏企鹅，闹得四周鸟飞蛋打，四邻不安。

贼鸥总是好吃懒做，不劳而获，它从来不自己垒窝筑巢，而是采取霸道手段，抢占他鸟的巢窝，驱散他鸟的家庭。有时，甚至穷凶极恶地从其他鸟兽的口中抢夺食物。一旦填饱肚皮，就蹲伏不动，消磨留下的时光。懒惰成性的贼鸥，对食物的选择并不十分严格，不管好坏，只要能填饱肚子就可以了。除鱼、虾等海洋生物外，鸟蛋、幼鸟、海豹的尸体和鸟兽的粪便等都是它的美餐。考察队员丢弃的剩余饭菜和垃圾也可以成为它的美味佳肴。在饥饿之时，它甚至钻进考察站的食品库，像老鼠一样，吃饱喝足，临走时再狠狠地捞上一把。

令人厌恶的是，贼鸥给科学考察者带来很大的麻烦。科学家在野外考察的时候，如果不加提防的话，随身所带的野餐食品，都会被贼鸥叼走，碰到这种情况，人们只能无可奈何。当人们不知不觉地走近贼鸥的巢地时，它便不顾一切地袭来，唧唧喳喳地在头顶上乱飞，甚至向人们俯冲，又是抓又是叨的，有时还向人们头上拉屎，大有赶走考察队员，摧毁科学考察站的趋势。

贼鸥的飞行能力较强，或许是由于长期行盗锻炼出来的吧。据说，南极的贼鸥也能飞到北极，并在那里生存和生活。

南极贼鸥是地球上在最南纬度可发现的鸟类，在南极点上曾有贼鸥出现的纪录。在南极的冬季，有少数贼鸥在亚南极南部的岛屿上越冬。中国南极长城站周围就是它的越冬地之一，那里到处是冰雪，不仅在夏季几个月里裸露的那些小片土地被雪覆盖，而且大片的海洋也被冻结着。

在南半球分布着南极及亚南极两种贼鸥，具体的身高分别约是53～63厘米左右，前者的体型略小且有较浅白色之羽毛，不同亚南极种之贼鸥可能成对活动，其飞翔贼鸥在夏日繁殖，每次会产二枚蛋，孵化期约为27天，经常只有1只幼鸟能存活。冬季时，它们在海面上玩耍，甚至可能到北太平洋的阿留申群岛。贼鸥以企鹅蛋、海鸥等其他海鸟及磷虾为食，它们也会两只共同合作，即一只在前面引开欲攻击之企鹅，另一只在后面取其蛋因而得其名为“贼鸥”。这时，贼鸥的生活更加困难，没有巢居住，没有食物吃，也不远飞，就懒洋洋地呆在考察站附近，靠吃站上的垃圾过活，人们称之为“义务清洁工”。

※ 展翅的贼鸥

贼鸥多在海岛的上空自由飞翔，一般不在海面上活动，有时为追捕食物也会飞到离岸不远的上空与猎物之间来回周旋。贼鸥的飞行能力很强，其展翼翱翔的姿势剽悍暴烈，勇猛无比，否则，贼鸥又怎么能在环境条件极差的南极生存。乔治岛上的鸟类几乎无一能与之匹敌。人们更不要试图接近贼鸥的窝，如果接近的话，它们便会显露出凶残狠斗的架势向你扑来，时而垂直俯冲，时而掠地滑行，势如急风骤雨。此时的明智做法是：用厚厚的连衣帽紧紧裹住自己的脑袋，迅速退缩，避开贼鸥的攻击。当然，贼鸥一般不会主动袭击人类，只要你不做出侵犯它们的举动，哪怕你只隔有它两三米远，它们也会熟视无睹，毫不介意。贼鸥的食性较广，似乎肉类和植物类均可为食，有时，它们十分饥饿的时候就会偷偷地偷袭考察队营地的食品储藏处。一早醒来，人们会发现猪肉不翼而飞，鸡蛋壳洒了一地，而地面上尽是贼鸥的爪痕。

知识窗

世界上最大的气垫登陆艇是苏联海军在1986年开始服役的“贼鸥”级。该艇满载排水量370吨；长57.6米，宽21.5米；甲板总面积超过700平方米。艇上有一个用于装载车辆的宽约5&127；米的从艏至艉的通舱，它按“滚进/滚出”的方式布置。艇首和艇尾各有一个吊门，供履带式和软式车辆出入。在艇舯两侧各布置了一对用于垫升的燃气轮机，此外在艉部还有3部用于推进的燃气轮机。

该艇的装载量约为100吨，可运送3艘机动摩托艇或10&127；艘小型运输艇加1个步兵连。其主要任务是用于两栖作战，也可用于后勤运输。别看“贼鸥”级气垫登陆艇的航速并不突出，为60节，但其武备要比通常的登陆艇配备的多，有两门30毫米舰炮，2座四联装sa－&127；n－5舰空导弹系统和两座可伸缩的122毫米火箭发射装置，自卫防空能力较强。但由于该级艇不能进入“伊万·罗戈夫”大型船坞登陆舰的坞舱，因此不能随之进行远洋活动。

拓展思考

1. 贼鸥最大的惰性是什么？
2. 贼鸥与什么是天敌？
3. 贼鸥有什么较强的能力？

南极动物之磷虾

Nan Ji Dong Wu Zhi Lin Xia

磷虾属于无脊椎动物，它是节肢动物门，甲壳纲，磷虾目，磷虾科动物的通称。全世界约有80种。体形似小虾，长1～2厘米，最大的可达到5厘米。磷虾的身体是透明色的，头胸甲与整个头胸部愈合，但不伸向腹面，因此不形成鳃腔；鳃裸露，直接浸浴水中。腹部一共有6节，末端具有1个尾节。胸肢8对，都是双枝型，基部各有鳃，适于游泳。胸肢中无特化的颚足，眼柄腹面、胸部及腹部的附肢基部都具有球状发光器，可发出磷光。浮游生活，全部海产。磷虾是鱼类的主要饵料之一，分布在黄海和东海沿岸常见的为太平洋磷虾。分布在南极区海洋中是著名的美丽磷虾。

南极分布着丰富的磷虾资源，磷虾主要生活在距南极大陆不远的南大洋中，尤其在威德尔海的磷虾更为密集。更加有意思的是，有时磷虾集体洄游竟形成长、宽达数百米的队伍，每立方米水中有3万多只磷虾，从而使得海水也为之变色。在白天的时候人们可以看到海面呈现一片浅褐色；而到了夜里则出现一片荧光。

磷虾资源是极其丰富的，毫无疑问可以得出，磷虾是人类潜在的食物资源。现在问题是各国已经在南极海洋中大量捕捞磷虾，如果磷虾捕捞业不断扩大的话，势必危及南极鲸类的生存，它们将不是死于捕鲸叉，而是死于饥饿。过度的捕捞将使南极脆弱的生态系统产生灾难性的后果，因为在南极的地区，几乎所有的动物都直接或间接地依赖磷虾而生存。磷虾的进一步开发利用是在所难免的，但是应该将其捕获控制在最大的可持续捕获量之内，以保护南极的生态平衡。

南极磷虾是一种具有高蛋白质的食物，根据生物学家的测定，南极磷虾肉中含蛋白质17.56%，脂肪2.11%，并且含有人体所必需的全部氨基酸。尤其是代表营养学特征的赖氨酸的含量更为丰富，与金枪鱼、虎纹虾和牛肉相比，南极磷虾的赖氨酸含量是最高的。世界卫生组织曾将南极磷虾、对虾、牛乳和牛肉的氨基酸综合营养价值比较评分，结果磷虾得100分，牛肉96分，牛乳91分，对虾71分。根据分析，人体所必需的8种氨基酸，磷虾中均含有，且合起来占蛋白质含量的41.04%。

南极磷虾中还含有各种营养的金属元素，磷虾的全虾中灰分含量为3.37％，虾肉中为2.36％，磷虾比对虾的含量要高。其中，人体所需的钙、磷、钾、钠都很丰富，磷虾的眼球是非常有营养的，其中含有丰富的胡萝卜素。

可见，不要小看一只小小的磷虾，它自身具有的营养价值是很高的。南极磷虾的价值远不止此。经过科学家们研究指出，它是南大洋海洋生物的食物链的中心，是维持南大洋海洋生态平衡的关键元素。

什么是生物的食物链呢？例如，在陆地上，虎豹吃牛羊，牛羊吃草，这样，草——牛羊——虎豹之间组成了另一条食物链。在海洋中，哺乳动物吃鱼，鱼吃虾，虾吃浮游植物，那么，浮游植物——虾——鱼——哺乳动物之间又组成了另一条食物链。像这样的生物链有很多的例子。如果把浮游植物叫做初级生产力，虾为二级生产力，鱼为三级生产力的话，则哺乳动物可称为四级生产力。各级生产力之间呈宝塔形分布，即最低等的初级生产力为塔底依次向上为二级、三级和四级生产力，逐级生产力之间的比均约为10∶1～20∶1。可见，食物链上的级别越低，个体越小，数量越大，生命的周期就会越短。

为什么在南极海域能孕育如此丰富的磷虾资源呢？这是因为南极海域中有一股独特的上升流。南大洋有一股环绕南极大陆的寒流，它在向北流去时下沉；而来自太平洋、大西洋和印度洋的暖流在南下时，遇到这股下沉的寒流，就会形成上升流。这股上升流中含有丰富的营养物质，加上水的温度，使得微生物得以大量繁殖，成为磷虾摄食和栖息的理想场所。南极磷虾的生活周期与南大洋的季节相适应。磷虾在春季的时候，即10月和11月交配，每只雌虾在夏季产卵多次，每次多达数千粒。这些虾卵一旦脱离母体，即下沉到几百米深的海底，在那里孵化成幼体，继续生长一段时间后，卵黄囊内储存的卵黄终于消耗尽了，这时，它们才上浮到海水表层来摄取浮游植物。它们在冰冷的海水中生长缓慢，幼虾则要经过5个阶段，并多次蜕壳才能长成6厘米长的成虾，生长期达3年到4年之久。在这一段时间之内，它们一直是群栖生活，在冰层下到处洄游，寻找食物，躲避敌害。

磷虾的生活史是非常有趣的，磷虾的卵排到水里后，在其孵化前，不断下沉，一边下沉，一边孵化，一直下沉到数百米，甚至下沉2000多米，才孵化出幼体。幼体在发育过程中不断上浮，边上浮，边发育，当幼体发育成小虾阶段时，它也几乎到达海水表层了。这时，它可以在表层觅食、生长、集群。当其发育成熟，又进行下一代的繁殖。就这样，一直重复下去。

在南大洋生物的食物链中，如果磷虾灭绝或大大减少的话，则捕食磷虾的巨鲸和其他鱼类等也将灭绝或减少，南大洋生态平衡当然随之而破坏。因此，保护和适量捕捉磷虾，是保护南极生态平衡的关键问题之一。

知识窗

现代医学研究证实，虾的营养价值极高，能增强人体的免疫力和性功能，补肾壮阳，抗早衰。常吃鲜虾，温酒送服，可医治肾虚阳痿、畏寒、体倦、腰膝酸痛等病症。如果妇女产后乳汁少或无乳汁，鲜虾肉500克，研碎，黄酒热服，每日3次，连服几日，可起催乳作用。虾皮有镇静作用，常用来治疗神经衰弱，植物神经功能紊乱等症。海虾是可以为大脑提供营养的美味食品。海虾中含有三种重要的脂肪酸，能使人长时间保持精力集中。

拓展思考

1. 简单对磷虾做一个阐述。
2. 什么叫生物的食物链？
3. 磷虾有怎样的生活史？

南极动物之海燕

Nan Ji Dong Wu Zhi Hai Yan

南极海燕身高可达约 43 厘米，其上身部分是巧克力棕色，翅膀上则有白色长条。它们喜欢筑巢在海边陡峭的岩壁，但也有栖息在内陆地区，并喜欢大量聚集在一起。南极海燕大致在每年 11 月会产下一个蛋，次年的 3 月幼雏便可成熟独立。南极海燕的主要食物是在较浅的海水捕食，其栖息地区在南极大陆海岸，而通常不越过南纬 60°以北。

南极海燕类属于管鼻鸟，它们有一个共同的特征，就是嘴角上有一个鼻孔状的管子，与胃相接通，平时有鼻涕似的糊状物封闭，应急时作为防御的武器。南极海燕的这种习性特别明显，当人们靠近它时，它便张张大口，伸伸脖子，像是表示欢迎。其实，那是在准备“武器”，并发出相应的警告：神圣领地，不可侵犯。当人们触动它或其子女时，它便怒气冲天，趁人不备，突然发动进攻，像水枪一样将胃中的液体喷射出来，足足能喷半米远。这种液体呈油性，略带橙黄色，腥臭难闻，溅到衣服上，一时难以清除。它还能对人体造成严重伤害。

海燕分布在世界上各个大洋中，在南极地区海燕的数量较多。海燕每次只产 1 枚卵，幼鸟由海燕父母分工协作，海燕家族中最美丽的要数雪海燕了。雪海燕一身洁白，只有眼睛前面的羽毛和嘴是黑色的，它们以小鱼、软体动物和甲壳类动物为食。在白雪皑皑的南极大陆边缘，常常能够看到海燕在距离岸边不远的海面上空盘旋。其实，那是雪海燕在寻找海浪从海底翻起的小动物。雪海燕分布在雪海燕在每年的 11 月底到 12 月初产卵。暴风海燕又叫威尔逊暴风海燕。

暴风海燕在飞行的时候，可以展现出强壮的翅膀。暴风海燕经常在海面上空翱翔。伸展的翅膀可以使暴风海燕几乎垂直地上升。它的尾巴在控制飞行方向的时候，可以像扇子一样展开。它甚至还能用两条腿来帮助掌握平衡。它们以鲸油和海洋小动物为食。每到繁殖季节，成群的海燕遍布南极海滩。进入发情期的暴风海燕开始重复它们枯燥而嘈杂的叫声，虽然人们听起来感到很不舒服，但是对暴风海燕来说，那是最优美的情歌。一对对情侣经常在一起互相梳洗打扮羽毛。到了每年的 12～1 月间，暴风海燕在岩石海岸的裂缝中筑巢，雌鸟每次只产下 1 枚卵。经过 39 天到 48 天的孵化。小鸟才会破壳而出。在父母的精心照料和哺育下，小鸟成活机率会很大。

▶知识窗

早在几千年前，人们就知道燕子秋去春回的飞迁规律。燕子在冬天来临之前的秋季，它们总要进行每年一度的长途旅行——成群结队地由北方飞向遥远的南方，去那里享受温暖的阳光和湿润的天气，而将严冬的冰霜和凛冽的寒风留给了从不南飞过冬的山雀、松鸡和雷鸟。表面上看，是北国冬天的寒冷使得燕子离乡背井去南方过冬，等到春暖花开的时节再由南方返回本乡本土生儿育女、安居乐业。果真如此吗？其实不然。原来燕子是以昆虫为食的，且它们从来就习惯于在空中捕食飞虫，而不善于在树缝和地隙中搜寻昆虫食物，也不能橡松鸡和雷鸟那样杂食浆果，种子和在冬季改吃树叶。可是，在北方的冬季是没有飞虫可供燕子捕食的，燕子又不能像啄木鸟和旋木雀那样去发掘潜伏下来的昆虫幼虫、虫蛹和虫卵。食物的匮乏使燕子不得不每年都要来一次秋去春来的南北大迁徙，以得到更为广阔的生存空间。

由于人类破坏环境，使得昆虫数量减少，许多燕子无虫可吃；人类很多有斗拱结构的古建筑拆掉，修建了光洁挺拔没有任何空洞的大楼，使得燕子无法筑巢，无家可归。

拓展思考

1. 简单对海燕做一个描述。
2. 海燕分布在什么地方？

第五章 南极的奇观现象

NANJIDEQIGUANXIANXIANG

“乳白天空”是极地的一种天气现象，也是南极洲的自然奇观之一。它是由极地的低温与冷空气相互作用而形成的。当阳光射到镜面似的冰层上时，会立即反射到低空的云层，而低空云层中无数细小的雪粒又像千万个小镜子将光线散射开来，再反射到地面的冰层上。如此来回反射的结果，便产生一种令人眼花缭乱的乳白色光线，形成白蒙蒙雾漫漫的乳白天空。常见的南极奇观还有很多，像南极火山、南极绿洲等等，让我们一起走进南极奇观的世界吧！

南极奇观之雪盲

Nan Ji Qi Guan Zhi Xue Mang

银装素裹的白雪往往是最美丽的！寒冬腊月的冬天最让人享受的莫过于皑皑的白雪，而在南极大陆却有着一种神奇的“白光”。如果自己置身陶醉于白色的冰雪世界时，千万不要忘记保护好自己的眼睛，因为积雪的白光度极容易引起“雪盲”。

任何一个没有人居住的地方，科学家们都要进行研究，南极也不例外。然而，因为这种白光也曾使不少勇敢的探险家为之丧失生命。当人们猛然看到这种强烈的白光时，眼睛一时是承受不了的，会导致眼睛一下子什么也看不见了。结果，使疾驰着的滑雪者因失明而摔倒在雪面上，车辆或飞机的驾驶员每每造成事故，都会车覆机毁。

故事发生在1958年的埃尔斯沃斯基地，一架飞机的驾驶员突然遇到

※ 美丽的白雪

这种白光，眼睛顿时失明，飞机失去控制，坠毁在雪原上。智利的南极探险家卡阿雷·罗达尔，有一次外出工作，没有戴墨镜而不慎遇到白光。他感到有一个光的实体向他移动，先是玫瑰红的，接着变成肉色的。这时眼睛疼痛极了，仿佛有人往他眼里撒了一把石灰，接着就什么也看不见了。幸亏同伴找到了他，把他带回基地。过了三天之后，视力才逐渐恢复过来。在高山冰川积雪地区活动的登山运动员和科学考察队员，稍不注意，忘记戴墨镜，也时常被积雪的反光刺痛眼睛，甚至暂时失明。医学上把这种现象叫做“雪盲症”。

雪盲就是一种电光性的眼炎，主要是紫外线对眼角膜和结膜上皮造成损害引起的炎症，特点是眼睑红肿，结膜充血水肿，会有剧烈的异物感和疼痛，症状有怕光、流泪和睁不开眼等，发病期间会有视物模糊的情况。雪盲是人眼的视网膜受到强光刺激后而临时失明的一种疾病。一般休息数天后，视力就会自己恢复。得过雪盲的人，一定要注意，不注意的话会再次得雪盲。再次雪盲症状会更严重，所以切不能马虎大意。多次雪盲逐渐使人视力衰弱，引起长期的眼疾，严重时甚至永远失明。所以，在遇到这种情况时，要学会保护好自己的眼睛。

雪盲是高山病的一种，由于阳光中的紫外线经雪地表面的强烈反射对眼部所造成的损伤。患者开始时的两眼肿胀非常难以忍受，怕光、流泪、视物不清；经久暴于紫外线者可见眼前黑影，暂时严重影响视力，故误认为“盲”。登山运动员和在空气稀薄的雪山高原上工作者易患此病，配备能过滤紫外线的防护眼镜，可起到预防的作用。

患雪盲症到底是什么原因呢?

原来就是积雪对太阳光的很高的反射率，在南极辽阔无垠的雪原上，有些地方的积雪表面非常干净，微微下洼，就像探照灯的凹面。在这样的地方，就有可能出现白光。出现白光的雪面，当然要比普通雪面所反射的阳光更集中更强烈了。在一般情况下，雪面并不像镜子一样直接把太阳光反射到人的眼睛里，而是通过雪面的散射刺激眼睛的。人眼在较长时间受到这种散射光的刺激后，也会得雪盲症。因此，有时候即使是在阴天，不戴墨镜在积雪地上活动久了的人，眼睛也会出现暂时失明的现象。

南极是一个白茫茫的冰雪世界，但是在有的地方，如同有名的欺骗岛一样，存在着强烈的火山活动，由于南极的火山在白色世界形成非常美丽的景色。许多旅游者为了好奇，也纷纷前往南极地区一饱眼福。然而，正是因为这种反射率更加重了阳光的反射力。这种反射能力通常用百分数来表示。比如说某物体的反射率是45%，这意思是说，此物体表面所接受到的太阳辐射中，有45%被反射了出去。雪的反射率极高，纯洁净雪面的反射率能高到95%。也就是说，太阳辐射的95%被雪面重新反射出去了，就引起了“雪盲”症的发生。

知识窗

南极星即南极座，是南极座最亮的恒星。视星等为5.4等，白色。它大约偏离南极1°，但它对导航作用极小，因为它处于肉眼可见范围的极限，也就是说，用肉眼很难看清楚它，且需要理想的观察条件。北极星要比它亮20倍。到南极去不会找到南极星，因为那个天区没有亮星或半亮的星。除此之外，在靠近南天极，还有另外一颗靠近水蛇星座的β星，它的亮度则比北极星暗了三分之一左右。

拓展思考

1. 雪盲是怎么引起的？
2. 雪盲是高山病的一种吗？
3. 在南极患雪盲症的原因是什么？

南极奇观之乳白天空

Nan Ji Qi Guan Zhi Ru Bai Tian Kong

※ 乳白天空

“乳白天空”是极地的一种天气现象，是南极地区因刺目白色反光造成方向不明确、界线不清的情况，也是南极洲美丽的自然奇观之一。它是由极地的低温与冷空气相互作用而形成的。当阳光照射到镜面似的冰层上时，会立即反射到低空的云层，而低空云层中无数细小的雪粒又像千万个小镜子似的将光线散射开来，再反射到地面的冰层上。

南极的乳白天空是探险的圣地，然而，那里存在着一种鲜为人知的可怕自然奇观，这就是南极的独特天气，被称为“乳白天空”。由极地低温与冷空气相互作用产生一种令人眼花缭乱的乳白色光线，使天地浑然一片，使人的视觉会分不清物体的远近和大小。

乳白色天空是极地探险家、科学家和极地飞行器的一个大敌。若遇到它，那便是很危险的，正在滑雪的滑雪者会突然摔倒，正在行驶的车辆会突然翻车肇祸，正在飞行的飞机会失去控制而坠机殒命。这样的惨痛事件，在南极探险史和考察史上是屡见不鲜的。1958 年，在埃尔斯沃恩基地，一名飞机驾驶员就因遇到这种可怕的坏天气，顿时失去控制而坠机身亡。1971 年，一名驾驶 LC－130 大力神飞机的美国人，在距离特雷阿德利埃 200 千米的地方，遇到了乳白天空，突然失去联系，一直下落不明。

对于这种来回反射的结果，便会让人产生一种令人眼花缭乱的乳白色光线，形成白蒙蒙、雾漫漫的乳白天空，眼前一片白茫茫的景象。这时，自己感觉天地之间浑然一片，一切仿佛融入浓稠的乳白色牛奶里，所有的景物都能看见，但是很难分辨清楚东西南北的方向。人的视线会因此产生错觉，既分不清近景和远景，也分不清景物的大小。这种情况严重时还能使人头昏目眩，甚至会失去知觉或者丢掉性命。

乳白天空虽然对人类在南极的活动构成了严重的威胁，但只要事先进行有针对性的训练，再加上安全防范措施，也是可以避免的。一旦遇到乳白天空的时候要随即绕道躲开，唯一的应对方法就是闭上眼睛待在原地不动，直到这种可怕的天气自动消失为止。正在野外活动的人和车辆则应待在原地不动，要注意保暖，耐心地等待乳白天空的消失，或者是等待救援人员前来营救。

知识窗

南极仙翁是古代神话传说中的老寿星，又称南极真君、长生大帝，玉清真王，为元始天王九子。因为他主寿，所以又叫“寿星”或“老人星”。传说经常供奉这位仙神，可以使人健康长寿，这位仙神其实是道教追求长生的一种信仰。

道教信奉的保佑人间性命年寿的神仙，福禄寿三星之一，中国民间称作寿星。由古代星宿崇拜之南极老人和寿星演变而来。寿星和南极老人古代所指不同。寿星即东方七宿之 首的角、亢二宿。南极老人即南极星，古人以此星的隐显为王朝命运兴衰的征象。东汉时郊祀南极老人星，同时举行敬老活动，南极老人星渐演变为保佑人间年寿的吉祥星。唐时设寿星坛，同时并祭南极星和东方角、亢七宿，宋以后二星渐混而为一。道教初以南极星为神仙，《真灵位业图》将“南极老人丹灵上真”列在太极左位。后因应民间流传，二星合而为一。寿星形象为一白发老翁，鹤发童颜，面目慈祥，所拄弯曲拐杖，必高过头顶。常被民间用作年画图案，是吉祥长寿的象征。

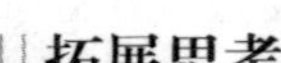

拓展思考

1. “乳白天空”是怎样一种现象？
2. 在南极探险遇到“乳白天空”应该采取怎样的拯救措施？
3. 关于“乳白天空”的事例。

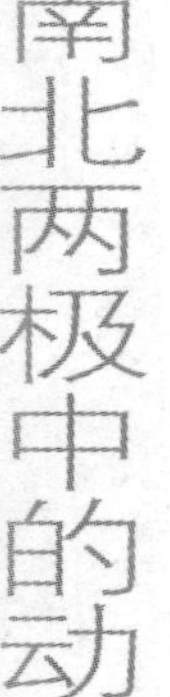

南极奇观之南极火山

Nan Ji Qi Guan Zhi Nan Ji Huo Shan

南极在人们的印象中，似乎只有冰雪千里、寒风彻骨，其实不然，在这冰海雪原上也有火光冲天、烟雾缭绕的火山奇观。

1971年8月中旬，在南极的德赛普申岛上，一座火山突然爆发了。当时南极正处于极夜，炽热的岩浆顶开了千年冰雪，冲天的烟火映红漆黑的夜空，景象十分壮观。这座火山曾多次喷发，使地面上出现了一条100多米长的裂缝，从裂缝断面上可以清楚地看到，它是由一层冰一层火山灰层层堆积起来的，由此可以看出，这座火山的喷发是多么频繁。

如果说水火不相容的话，那么冰火就更不相容了。然而在南极洲，冰川和火山却同时存在，这听起来似乎有点不可思议，水火是不兼容的，就像鱼和熊掌不能兼得一样。南极大陆共有两座活火山，分别是欺骗岛上的火山和罗斯岛上的埃拉波斯火山。

埃里伯斯火山是南极大陆上另外一座火山，高3795米，喷发时，巨大的烟柱从白雪皑皑的山顶上冲天而起，长长的烟柱可以延伸几十千米，在天空中不停地翻滚。埃里伯斯火山喷发得十分频繁，有时竟一天喷发6次。“埃里伯斯”的英文愿意是“危险之地”，在这里确实要十分小心。1979年11月28日，一架美国客机绕着埃里伯斯火山飞行，想让游客饱览火山奇景，却不幸坠落，机上没有一个人活下来。

南极“绿洲”上有高峰、悬崖、湖泊和火山，埃里伯斯火山就是“绿洲”上的一处火山，罗斯岛上的埃里伯斯火山是著名的活火山。1841年1月，英国著名的探险家詹姆斯·克拉克·罗斯率领一支探险队，乘坐“埃里伯斯”号考察船到南极探险。他们在南极圈以南的一个岛上发现了一座火山，便把岛屿命名为“罗斯岛”，把火山叫做“埃里伯斯火山”。埃里伯斯火山上有好些喷气的孔，蒸汽喷出不久就冷凝，冻成形态各异的蒸汽柱。这个活火山口喷出的含硫烟雾，会把熔岩像炮弹一样射向半空。埃里伯斯火山终年和冰雪相伴，它不时喷出的烟雾，似乎在向世人展示着它的活力与激情。

欺骗岛在南极洲东北的南设得兰群岛上，1969年2月，欺骗岛火山喷发，使设在那里的科学考察站顷刻间化为灰烬，到了现在，人们仍然对此心有余悸。

根据科学家的研究，上世纪初的一天，南极海域大雾弥漫，几个捕鱼人偶然发现雾中有个岛，可海水一涨，这个岛又不见了，欺骗岛的名字由此而来。“欺骗岛”其实是一片黑色火山岩形成的小岛。经证实，在远古冰川纪时期，南极海底火山喷发，火山口塌陷，形成了这个天然港湾。1918 年，英国水兵发现并占领了“欺骗岛”后，在此大肆捕鲸，炼制鲸油，当年英国人留下的木牌上写着，到 1931 年，英国人在此炼制了 360 万桶鲸油。

如今，炼制鲸油厂只剩下了一片废墟，欺骗岛也成为了极地旅游的好地方，你可以在火山岩形成的海滩上挖出的温泉中游泳。尽管来这里旅游的人不少，但是无论在海滩还是陆地上，找不到任何丢弃物。那里是有实物记载的，人类最早开拓南极的地方。

知识窗

2004 年至 2005 年间，英国南极考察处成员在空中使用雷达探测南极大陆，以了解冰层以下的地形。结果，他们在西部大冰原的哈得孙山冰层下意外发现一块在雷达上呈现不规则反应的区域，面积约为 2.3 万平方千米，比英国威尔士略大。他们认为，这里有一层厚厚的火山灰、岩石和二氧化硅结晶，这些物质的总体积达到 0.31 立方千米。这些迹象证明，此地曾有过火山爆发。

区域中心的冰层下，矗立着一座海拔约 1000 米的岩石山。研究人员认为，这就是那次喷发“主角”。从冰层厚度判断，那一幕发生在距今大约 2200 年前，即公元前 207 年左右，误差范围约为前后 240 年。

这是人们第一次在南极冰层下发现火山爆发的证据，大大扩展了原来已知的南极火山活动范围。研究人员根据喷发残留物的体积推测，那次火山喷发强度在 3～4 级之间。

英国南极考察处成员、报告主要作者哈格·科尔说：“南极冰层下的火山爆发本身就独一无二……我们认为这是南极过去 1 万年间最大的一次火山喷发。”

研究人员描述了“冰下火山”爆发的情景：压力和高温在冰层上“凿”出一个大洞，在空中形成一道高达 12 千米的烟柱。但没过多久，冰雪再次将这里覆盖，一切回归沉寂。

拓展思考

1. 南极的火山奇观是怎样发生的？
2. 简述一下埃里伯斯火山。
3. 简述一下欺骗岛火山。

南极奇观之南极绿洲

Nan Ji Qi Guan Zhi Nan Ji Lü Zhou

南极大陆的四季常常被冰雪覆盖着，草木不生，怎么会有绿色的地方呢？

所谓“绿洲”，并不是人们常见的郁郁葱葱的树木花草之地，而是南极大陆上那些没有冰封雪盖的露出岩石的地区。由于南极考察人员长年累月地生活和工作在冰天雪地的白色世界里，可谓是单调、乏味、枯燥的环境使他们非常向往多彩世界，当他们发现没有冰雪覆盖的地方时，不禁倍感亲切，于是便将这些地方称为南极洲的绿洲。南极绿洲约占南极洲面积的5%，含有干谷、湖泊、火山和山峰。最为有名的是班戈绿洲、麦克默多绿洲和南极半岛绿洲。

1974年2月末的一天，一架美国飞机在南极大陆的南印度洋沿岸的上空来回飞行。突然，领航员班戈惊呆了，他发现飞机下面有一片没有雪的地方，高高的冰墙围绕着山谷，像一个扇形的屏风。山谷中没有积雪的土地中间，分布着一些不冻的湖泊，给这个白色的冰雪高原带来了无限生机。这个美丽的地方就是南极洲有名的班戈绿洲。

南极半岛属于新生代褶皱带，基岩起伏不平，南极洲的最高峰是海拔为5140米的文森山。海岸曲折，近海岛屿很多。通过海底山脉可将南极半岛—南奥克尼群岛—南桑德韦奇群岛—南乔治亚岛—南美洲安第斯山脉连成一蟠龙式的、连续相接的山系。半岛及附近岛屿蕴藏着丰富的锰、铜、镍、金、银、铬等矿产。南极半岛是南极大陆最温暖和降水量最多的地方，年雨量可达500毫米到600毫米，局部地方有时能达到900毫米，有“海洋性南极”之称。西海岸有较多的“绿洲”，生长着少量高等植物及苔藓、地衣和藻类，动物和鸟类也较多，所以南极半岛有“南极绿岛”之称。

关于绿洲的起源与成因，科学家们认为，由于绿洲的位置都在火山活动区，这里与火山有直接的关系。如麦克默多绿洲就在著名的埃里伯斯火山附近，火山喷发及伴生的地热活动，是形成绿洲的重要原因。当然，绿洲的形成还与太阳辐射和岩石的颜色有关，如南极半岛绿洲地处极圈外，日照时间长，气温较高，加上这里基本是赤褐色的火成岩区，有形成绿洲的最佳条件。绿洲是科学研究的一个宝贵窗口，绿洲对揭开这块神秘的大陆具有重要的科学研究意义。

与整个南极大陆相比，“绿洲”所占比例极小，但这弥足珍贵的“绿洲”却在整个极地生态系统中扮演着“大角色”。研究发现，在南极东部区域，那里超过 90％的阿黛利企鹅都以“绿洲”为家。“绿洲”的生态环境很大程度上决定了周边企鹅群体的兴衰。

▶知识窗

·小“绿洲”大角色·

与草木葱郁的沙漠绿洲概念截然不同，南极“绿洲”实际上是指南极地区一些未被冰雪覆盖的、相对温暖的露岩水域。它们分布在冰封万里的南极海域，在坚冰之中形成一片片巨大开阔水面，又称为无冰区或“白色沙漠绿洲”。

美国斯坦福大学科学家发表报告说，这些开阔水域营养丰富，日照相对充足，生长着众多的浮游植物。这些浮游植物是绿洲食物链的最底层一环，南极大名鼎鼎的磷虾即以此为食，而磷虾又是企鹅、海鸟、海豹、鲸等食物链上层大型动物的主要食物。

科学家惊奇地发现，“绿洲”浮游植物的数量与南极阿黛利等企鹅的兴衰存在“强烈相关性”。浮游植物越丰富，磷虾就越多，企鹅的生存状况也就越好。有了充足的磷虾为食，企鹅们可以高枕无忧地待在一处，免去了为“生计”长途奔波之苦，这也减少了它们遭遇天敌及各种危险的机会。

拓展思考

1. 什么是南极“绿洲”?
2. 发现南极绿洲的事例是什么?
3. 南极绿洲的起源和成因是什么?

第六章 南极的探险家

NANJIDETANXIANJIA

人类真正探索南极是在 18 世纪下半叶的事，从 1772 到 1774 年间，英国探险家库克船长率领“坚定号”和“冒险号”两艘船完成了环绕南极洲的航行。到了 19 世纪中期的时候，俄国人别林斯高晋，法国人迪维尔，英国人罗斯和美国人维尔克斯等，先后把自己国家的国旗插到了南极洲。20 世纪初，对南极腹地的考察又一次推向了高潮的阶段，阿蒙森和斯科特先后征服了南极点。一次又一次的探险激励着众多的人们前往探索神秘的南极世界！

南极探险之斯科特

Nan Ji Tan Xian Zhi Si Ke Te

世界最南的站——美国阿蒙森·斯科特站，这座站于 1957 年 1 月 23 日建于南极点，海拔为 2900 米。以最早到达南极点的两位著名探险家阿蒙森和斯科特两人的姓氏而命名。每年有 30 人左右在这里越冬。

※ 美国阿蒙森·斯科特站

阿蒙森·斯科特站上建有 4270 米长的飞机跑道、无线电通讯设备、地球物理监测站和大型计算机等。在这个站上可以从事高空大气物理学、气象学、地球科学、冰川学和生物学等方面的研究。

由于冰层以每年平均 10 米的速度向南美洲的方向移动，所以考察站的实际位置已偏离了南极点。为此，美国制定考察站确立了重建的计划，现已完成了新油库和机场跑道工程，整个计划预计 5 年完成。这里的气象站就是岛上的气象中心，各站的气象观测资料汇集到这里，然后再发射到世界的各个气象中心。

罗伯特·弗肯·斯科特是英国皇家的一位海军军官，最初的时候，罗伯特既不是探险家，也不是航海家，而是一个研究鱼雷的军事专家。1901 年 8 月，他受命率领探险队乘“发现”号船出发进行远航，深入到南极圈内的罗斯海，并在麦克默多海峡中罗斯岛的一个山谷里越冬，从而适应了南极的恶劣环境，为他后来正式向南极点进军打下了坚实的基础。斯科特攀登南极点的行动虽比挪威探险家阿蒙森早约两个月，但他却是在阿蒙森摘取攀登南极点桂冠的第 34 天，才到达南极点，他的经历及结局与阿蒙森相比有着天壤之别。虽然他到达南极点的时间比阿蒙森晚，但他却是世界公认的、最伟大的南极探险家。

1910 年 6 月，斯科特率领的英国探险队乘“新大陆”号离开欧洲。1911 年 6 月 6 日，斯科特在麦克默多海峡安营扎寨，等待南极夏季的到

来。10 月下旬，当阿蒙森已经从罗斯冰障的鲸湾向南极点冲刺时，斯科特一行却迟迟不能向目的地进军。因为天气太坏，虽然是夏季但是风暴不止，又几个队员病倒了，所以直到 10 月底，斯科特才决定向南极点进发。

1911 年 11 月 1 日，斯科特的探险队从营地出发。每天冒着呼啸的风雪，越过冰障，翻过冰川，登上冰原，历尽了千辛万苦。当他们来到距极点 250 千米的地方时，斯科特决定留下他本人和 37 岁的海员埃文斯、32 岁的奥茨陆军上校、28 岁的鲍尔斯海军上尉，继续向南极点挺进。

1912 年初，应该是南极夏季气温最高的时候了，可是意外的坏天气却不断困扰着斯科特一行，他们遇到了“平生见到的、最大的暴风雪”，这样的天气令人寸步难行，他们只得加长每天行军的时间，全力以赴向终点突击。

1912 年 1 月 16 日，斯科特他们忍着暴风雪、饥饿和冻伤的折磨，以惊人的毅力终于登临南极点。但正当他们欢庆胜利的时候，突然发现了阿蒙森留下来的帐篷和给挪威国王哈康及斯科特本人的信。阿蒙森先于他们到达南极点，对斯科特来说简直是晴天霹雳，一下子把他们从欢乐的极点推到了惨痛的极点。

此刻，斯科特清楚地意识到，队伍必须立刻回返。他们在南极点待了两天，便于 1 月 18 日踏上回程。半路上，两位队员在严寒、疲劳、饥饿和疾病的折磨下，先后死去。剩下的队员为死者举行完葬礼，又匆匆往回赶路了。在距离下一个补给营地只有 17 千米时，遇到连续不停的暴风雪，饥饿和寒冷最后战胜了这些勇敢的南极探险家。3 月 29 日，斯科特写下最后一篇日记，他说：“我现在已没有什么更好的办法。我们将坚持到底，但我们越来越虚弱，结局已不远了。说来很可惜，但恐怕我已不能再记日记了。”斯科特用僵硬不听使唤的手签了名，并作了最后一句补充：“看在上帝的面上，务请照顾我们的家人。”

过了不到一年，后方搜索队在斯科特蒙难处找到了保存在睡袋中的 3 具完好的尸体，并就地掩埋，墓上矗立着用滑雪杖做的十字架。

斯科特领导的英国探险队的勇敢顽强精神和悲壮业绩，为南极探险史上留下了光辉的一页。他们历经艰辛，艰苦跋涉，却没有将所采集的 17 千克重的植物化石和矿物标本丢弃，为后来的南极地质学作出了重大贡献。它们探险的日记、照片，也都是南极科学研究的宝贵史料，至今仍完好地保存着。为了让人们永远地纪念他们的探险经历，美国把 1957 年建在南极点的科学考察站命名为阿蒙森－斯科特站。

斯科特的悲剧究竟是怎么发生的？斯科特虽然成功地到达南极点，却没能够平安归来，最后还是全军覆没了。其中的原因有以下几条：

首先，斯科特有一个特点就是非常迷信人拉雪橇的优越性，但对使用爱斯基摩狗有偏见，因而他选择攀登南极点的主要运输工具是西伯利亚矮种马和 3 辆履带式拖拉机。拖拉机只走了几天注油系统就坏了，这个拖拉机只得作为一堆废铁，扔在雪地里。由于马西伯利亚矮种马不能适应南极高原恶劣的环境，体力不支，斯科特他们只好在崎岖的冰原上用人力拖着笨重的雪橇步行前进，消耗了队员的大量体力，也影响了行进的速度。

其次，他们在返回罗斯冰架上预设的补给仓库时发现，装在油桶里的、满满的煤油神秘地流光了。后来人们才知道，焊锡在低温下会变成粉末状，煤油流失是焊锡变性所致。

最后，不好的天气一直困扰着斯科特的队伍，原本应该是相对较好的天气却变成少见的狂风暴雪，使斯科特他们无法前进，最后，尽管离补给营地只有 17 千米了，但这居然成为他们可望而不可及的目标。

知识窗

斯科特被英国人称为 20 世纪初探险时代的伟大英雄。1910 年 6 月 1 日，他带领探险队离开英国，向南极点发起冲刺。当时，挪威人罗阿尔德·阿蒙森也率领着另外一支探险队向南极点进发。两支队伍展开了激烈角逐，都想争取“国家荣誉”。结果，阿蒙森队于 1911 年 12 月 14 日捷足先登，而斯科特队则于 1912 年 1 月 16 日才抵达，比阿蒙森队晚了一个多月。不幸的是，在返程途中，南极寒冷天气提前到来，斯科特队供给不足，饥寒交迫。他们在严寒中苦苦拼搏了两个多月，终因体力不支而长眠于皑皑冰雪中。

早在最后一次南极远征之前，斯科特就已经是英国的民族英雄。他在 1902～1904 年间首次进行南极探险，相关游记《发现之旅》曾是英国最畅销的书。而他最后一次南极探险的悲壮故事更是激励了一代代英国人。

拓展思考

1. 世界最南的站是什么站？
2. 哪一年斯科特开始远航的？
3. 斯科特为什么没有平安归来？

南极探险之阿蒙森

Nan Ji Tan Xian Zhi A Meng Sen

挪威科学探险家阿蒙森是世界上第一个征服南极的人，还在童年的时候，阿蒙森就被南北极的探险事业所吸引了。

1872 年 7 月 16 日，阿蒙森出生在有一半国土是在北极圈以内的挪威，他在少年时期就定下了征服北极的雄心壮志。1897 年，他中断了医学院的学业，以大副的身份加入比利时船队赴南极考察，并在那里越冬，这一行为的发生增加了他对两极探险的兴趣。1899 年，阿蒙森回到挪威之后，他便把注意力转向了北极。

1911 年 1 月，挪威人阿蒙森乘着“弗拉姆”号船，经过半年多的航行，来到了南极洲的鲸湾。阿蒙森在那里建立了基地，准备度过 6 个月漫长的冬季。同时，阿蒙森也着手南极探险的准备工作，他率领 3 名队员，带着充足的食物，分乘 3 辆雪橇。从南纬 80°起，每隔 100 千米就建立一个小型的食品仓库，里面放置了海豹肉、黄油、煤油和火柴等必需品，仓库用冰雪堆成一座小山，小山上再插一面挪威国旗。这样，在茫茫雪地上，很远就能发现仓库的位置。阿蒙森一共建立了 3 座食品仓库。

当阿蒙森回到鲸湾的时候，英国人斯科特率领的探险队也到了，两个竞争对手进行了友好的互访。阿蒙森看到斯科特带的西伯利亚小马和摩托雪橇。而他自己率领 100 多条爱斯基摩狗组成的雪橇队探险。但是，阿蒙森始终坚信，爱斯基摩大狗有着比西伯利亚小马更惊人的耐寒能力，后来的事实也证明了这一点。

1911 年 10 月 20 日，阿蒙森带领 4 名队员，分乘 4 辆由爱斯基摩狗拉的雪橇，正式向南极出发了。斯科特在 11 月 1 日，也踏上了南极探险之旅。两支探险队在冰天雪地的南极洲，展开了一场争夺光荣与梦想的竞争。

阿蒙森前进的速度很快，他用了 4 天时间就赶到一号仓库。在到达南纬 85°时，出现在他面前的是连绵起伏的南极高原。阿蒙森下令，把较为瘦弱的 24 条狗杀掉，用 18 条强壮的狗牵拉 3 辆雪橇，带足 60 天的粮食，轻装上路。这时，南极地区天气异常恶劣，暴风雪连续刮了 5 天 5 夜，为了抢先赶到南极，阿蒙森他们顶风冒雪，艰难地前进着，到了 12 月 15

日，阿蒙森带领的这一队伍终于率先到达了南极。

与此同时，恶劣的天气给斯科特他们带去了灾难，他们的西伯利亚小马在探险途中全部都冻死了。虽然斯科特在 1 月 18 日也到达了南极，但由于他们的体力衰竭，斯科特和他的探险队员在归途中相继倒下了。8 个月后，到达南极的营救人员只发现了他们的遗体和斯科特留下的一本日记。

挪威的两位伟大极地探险家弗里德约夫·南森和罗阿尔·阿蒙森生活在同一个时代，是历史的巧合之一。阿蒙森 1872 年出生于挪威南部的萨普斯堡，比南森年轻 11 岁。他放弃了原来计划的医生职业，决定献身于极地研究。作为一名合格的海员，他曾经在一艘航行于北极海域的商船上工作过。后来，他以大副的身份参加了 1897 至 1899 年“贝尔吉克号”在南极首次越冬的探险。

“格约亚号”于 1906 年 8 月突破最后一段航线成功地完成了航行，水手们在航行过程中还收集到了宝贵的科学数据，其中最重要的是有关“地磁和北磁极”准确位置的观测。此外，他们还积累了有关“西北航线”沿途爱斯基摩人的人种学资料。

在以往航行中获得的经验，为阿蒙森提供了充足的信心，他决定挑战困扰航海家达 300 年之久的“西北航线”。探险家们经过研究，长久以来一直意识到北美大陆以北有一条连接欧亚的航道，但是从未有任何一条船能够完成全部航程。阿蒙森购买了排水量 45 吨、造型坚固的“格约亚号”。船上装备有风帆和一个 13 匹马力的引擎。“格约亚号”于 1903 年夏季从奥斯陆峡湾缓缓驶出，6 名船员准备在布满坚冰的“西北航线”水域完成这次成功的航行。

在初战告捷的鼓舞下，阿蒙森将注意力转向北极。他计划在白令海峡北部让自己的船冻结在浮冰上。然而，他无法获得必要的经济资助。1909 年 9 月，传来了美国人罗伯特·皮尔里和弗雷德里科·库克抵达北极的消息。阿蒙森于是决定推迟探索北极，并同时争取在罗伯特·法尔康·斯科特之前抵达南极，而这时斯科特已经率领一个大型远征队出发了。

阿蒙森于 8 月份驾驶由南森提供的“前进号”向南出发。当时，船只为了通过白令海峡必须绕道合恩角。因此，当“前进号”驶向南方的时候，没人猜测出他已经改变了计划。

当船只在马德拉岛停泊时，阿蒙森通知探险队员他们将继续向南，而不是向北航行。斯科特收到一份电报，得知挪威探险队正在向南极进发的消息。那之后的戏剧性竞赛至今仍然吸引着人们前去考察。

阿蒙森在鲸湾安营扎寨，这里与斯科特的出发地点麦克默多海峡相比

距离南极更近。不过，鲸湾与南极之间的地形尚无人知晓。1908 年，斯科特沿着他的英国同胞沙克尔顿标明的路线继续前进着。阿蒙森与 4 名伙伴、4 部雪橇和 52 条极地犬于 1911 年 10 月 19 日离开营地。阿蒙森的目标只有一个：尽快到达南极。这项任务在两个月之后完成，比斯科特和他精疲力竭的队员们提前 5 个星期，斯科特抵达南极的时候发现了阿蒙森的旗帜和帐篷。

1911 年 12 月 14 日，挪威的国旗在南极的上空冉冉升起。为了抵达一个冰川交错的高大山脉的脚下，挪威探险队曾穿越遍布危险的罗斯屏障。在当时看来，继续前进的征程上充满了风险。然而，由于他们技术娴熟和运气较好，探险队员们奋力登上了海伯格冰川，翻越了各个山脉，并最终抵达了通往南极的高原。

对于像阿蒙森这样的探险天才已经不存在挑战了，然而他还想做一件事情：在空中探索北冰洋。他和探险队于 1925 年乘坐“N25 号”和“N26 号”水上飞机冒险远征，飞机在北纬 88 度被迫在冰上着陆。但探险队成功地使其中一架飞机重新起飞，于三星期后返回斯瓦尔巴德群岛。

美国人林肯·埃尔斯沃思资助并和阿蒙森共同参加了这次飞机探险。翌年，阿蒙森、埃尔斯沃思和意大利人安贝托·诺贝尔共同领导了从斯瓦

※“挪威号”飞艇

尔巴德群岛乘“挪威号”飞艇飞越北极前往阿拉斯加的探险飞行。这些探险家飞越了前人所未知的地域，填补了世界地图上最后一个光辉点，这一片被称为——白色的荒原。

阿蒙森是一位为极地探险而生，并为极地探险而死的人。当诺贝尔两年后乘坐“挪威号”的姊妹飞艇“意大利号”进行第二次北极飞行时，探险队失踪。阿蒙森参加了前往寻找飞艇的搜救队。另外一只搜救队发现了飞艇和仍然活着的诺贝尔。但是，阿蒙森与他的伙伴却再也没有回来过。

1928 年 6 月 20 日，挪威极地探险家罗阿尔·阿蒙森的水上飞机在斯匹次卑尔根岛的周围试图抢救一艘坠落的意大利飞艇时坠毁，然而阿蒙森却不幸身亡了。

富于讽刺意味的是在阿蒙森的飞机坠毁时，意大利飞艇的艇长翁贝托·诺毕尔和五名船员已被另一架援救飞机找到。阿蒙森和他的伙伴勒内·吉尔班德两天前为援救飞艇从挪威的特罗姆瑟起飞。几小时后，他们的电台信号消失。经调查，人们对他们命运的担心得到了证实：这一探险的队伍已经遇险了。

知识窗

罗尔德·阿蒙森，挪威极地探险家，第一个到达南极点的人。1872 年 7 月 16 日生于奥斯陆附近的博尔格。曾在挪威海军服役。1901 年到格陵兰东北进行海洋学研究。1903～1906 年乘单桅帆船第一次通过西北航道，并发现北磁极。在获悉 R. E. 彼利成功到达北极后，积极准备探测南极。1910 年 6 月乘“前进”号从挪威出发，1911 年 1 月 3 日到南极大陆的鲸湾，1911 年 10 月 20 日阿蒙森与 4 个同伴乘狗拉雪橇向南极进发，12 月 14 日到达。阿蒙森在南极进行了观测研究，于 12 月 17 日离开。

拓展思考

1. 阿蒙森乘坐什么船驶向南极洲的？
2. 阿蒙森是哪一年身亡的？
3. 谈谈你对阿蒙森了解多少？

南极探险之库克船长

Nan Ji Tan Xian Zhi Ku Ke Chuan Zhang

詹姆斯·库克是英国著名的探险家、航海家和制图学家，他由于进行了三次探险航行而闻名于世。通过这些探险艰难的考察，他给人们提供了关于大洋，特别是太平洋的地理学知识增添了新的内容。他还被认为在通过改善船员的饮食，包括增加水果和蔬菜等来预防长期航行中出现的坏血病方面也有非常重要的贡献。库克船长在太平洋和南极洲的伟大的航行为世界科学发展作出了巨大的贡献，同时他也是第一位绘制澳大利亚东海岸海图的人。

1728 年 10 月 27 日，库克出生在英国约克郡的一个贫苦农民家庭里，18 岁时，他在一家船主那里找到一项工作并且到波罗的海作了几次航行，当英法战争爆发时，他作为一名强壮的水手应征到皇家海军服役，不到一个月的时间他被提升为大副，四年之后升为船长。1759 年，他授权指挥一艘舰船参加了圣·劳伦斯河上的战斗。1763 年，战争结束之后，库克作为纵帆船“格伦维尔”号的船长承担了新西兰、拉布拉多和新斯科舍沿岸的调查工作，在四年多的时间里他取得了许多非常重要的成果，这些成果后来由英国政府予以表彰。

※“格伦维尔”号

1768 年 8 月 26 日，库克率领“奋进”号起航去调查太平洋中维纳斯航道并考察该海区一片的新岛屿。伴随库克航行的还有天文学家、两名植物学家和一名擅长博物学的画家。他先向南航行，后向西转弯，绕过好望角，于 1769 年 4 月 13 日到达塔希提岛。调查了维纳斯的航道之后，6 月 3 日，他的调查船驶向新西兰，在那里他逗留了六个月的时间并把两个岛屿标绘在海图上。后来，他沿着澳大利亚的东海岸航行。他把澳大利亚取名为新南威尔士，并宣称所有权属于英格兰。

此次航行到达爪哇之后，他穿过澳大利亚和新几内亚之间的海峡，取道印度洋，绕过好望角返回英国。他到达英格兰的时间是1771年6月12日。在1772年7月13日，库克再次从英格兰起航。他这次航行的目的是想去验证“在南方还存在着一个大陆”的报道。他乘“探险”号沿着非洲海岸向南航行，到达好望角附近，开始横跨大西洋。至1773年1月，在大西洋上兜了一个圈子，却没有发现“南方大陆”，后来则向新西兰航行。从那里出发，他考察了新赫布里底，把复活节岛和马克萨斯群岛标进了海图，并且访问了塔希提和汤加群岛。另外，他还发现了新喀里多尼亚和帕默斯顿、诺福克及纽埃诸岛。1775年7月29日，库克顺利返航回到英国。

库克挺进太平洋的最后一次航海是在1776年7月12日从英格兰起航的。这次的目标是考察北太平洋和寻找绕过北美洲到大西洋的航道。绕过好望角之后，库克横渡印度洋到达新西兰。从那里又航行到塔希提岛，后来他们继续航行，在圣诞节前夜他们看到了一个岛屿，这个岛屿就是根据圣诞节命名的，为“圣诞节岛”。进一步向北航行，他发现了夏威夷群岛。1778年2月，他们看到了现今的俄勒冈海岸并且返回朝北航行，穿过白令海和白令海峡进入北冰洋。后来，因没有找到向东的航道而又返回夏威夷。在那里，1779年2月14日，他被当地的土著人杀害了。

知识窗

詹姆斯·库克1728年出生在英国北部的一个村庄，10岁时他第一次随船出海。他于1775年加入皇家海军，此后成为了一名航海和制图专家。1768年，库克受命担任英国皇家海军太平洋考察队队长。在其后的10年间，他带领考察队进行了三次史诗般的航行，足迹遍于未知的太平洋，揭开了地球上最大水域的地理秘密。库克访问过塔布担、澳大利亚、新西兰、马克萨斯群岛、夏威夷、复活节岛和威廉王子湾等地，并为这些地方绘制了地图；狂风暴雨、惊涛骇浪、冰山、珊瑚礁、热带酷暑和南极严寒等艰难险阻，不断地向他袭来，直到他1779年惨死在夏威夷岛民手中。在人们的记忆中，库克船长是“水手中的水手”，在探险史上，还没有哪个人可与他的成就相媲美，世界地图将永远带着他的印记。

拓展思考

1. 詹姆斯·库克是怎么闻名于世的？
2. 1771年，詹姆斯·库克验证了什么报道？
3. 詹姆斯·库克最后一次航海是哪一年？

第七章 北极的地理位置

BEIJIDEDILIWEIZHI

关于北极的范围，人们通常所说的北极并不仅仅限于北极点，而是指北纬 66° 34′ 以北的广大区域，也叫做北极地区。北极地区包括极区北冰洋、边缘陆地海岸带及岛屿、北极苔原和最外侧的泰加林带。如果以北极圈作为北极的边界，北极地区的总面积是 2 100 万平方千米，其中陆地部分占 800 万平方千米。北极地区究竟以何为界，环北极国家的标准也不统一，不过一般人习惯于从地理学角度出发，将北极圈作为北极地区的界线。

北极地理之北冰洋

Bei Ji Di Li Zhi Bei Bing Yang

1650年，德国的地理学家瓦伦纽斯将大熊星座正对着的海洋划成了独立的海洋，并将其称为北冰洋。

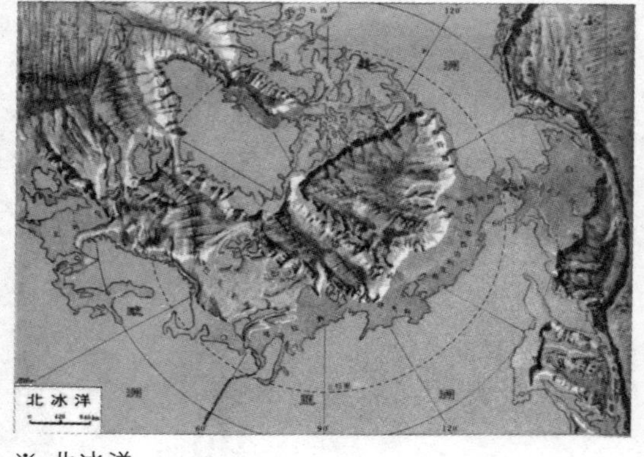

※ 北冰洋

北冰洋是四大洋中位置最往北的海洋，北冰洋地区的气候异常严寒，海洋表面常年覆盖着冰层，所以人们经常将其称为北冰洋。北冰洋的海盆可以分为欧亚海盆和美亚海盆，欧亚海盆被一条从大西洋延伸过来的南森海底山脉分为南森海盆和非拉姆海盆。美亚海盆被阿尔法山脉分为马卡罗夫海盆和加拿大海北冰洋上空盆。

由于北冰洋独特的气候条件，因此，可以将北冰洋的海水分为三层：表层200米，由于降水和冰冻等因素，大洋表层的温度变化比较大，高温和低温之间相差4℃；中层200～900米，在中层之间有大西洋流入的海水，温度在1℃～3℃之间；底层的温度最低，在零摄氏度以下。

北冰洋被亚洲、欧洲和北美洲所环抱。北冰洋的形成和北半球劳亚古陆的破裂和解体有着密切的联系。海底的过程最早起源于古生代晚期，但是它的形成时期却是在新生代实现的。北冰洋的平均深度约为1200米，在北冰洋中最深点就是南森海盆。北冰洋处在不断地扩张运动中，而且在北冰洋的生成期间，它不仅只是进行过一次扩张。

北冰洋地区处于半封闭状态，因为它被陆地所包围着。它是通过挪威海、格陵兰海的巴芬湾连接，以狭窄的白令海峡连接着太平洋，通过冰岛——法罗海槛和汤姆逊海岭同大西洋分隔开来。北冰洋的面积是1310平方千米，是地球海洋中最小的海洋，同时也是最浅的海洋，它的总面积

只是太平洋面积的1/10，占世界海洋总面积的4.1%。北冰洋以地球的北极为中心，通过亚欧板块和北美板块的洋底扩张，从而产生了北冰洋的海盆。现在在北冰洋中所发现的北冰洋的“中脊”，这道“中脊”也就是产生北冰洋洋底地壳的中心线。

因为在北冰洋的海平面覆盖着冰层反射的阳光，海水的温度也比较低，所以北冰洋的浮游生物只有其他海洋的1/10。在北冰洋生活的鱼类只有北极鲑和北极鳕，哺乳动物有海豹和各种鲸鱼，栖息在陆地上的有北极熊和北极狐。生活在那里的爱斯基摩人的狩猎对象主要就是这些动物。

在北极圈以北的地区称为北极地区，它主要包括北冰洋沿岸的亚、欧、北美三洲大陆北部及北冰洋中的许多岛屿。北极地区分布着几十种不同的民族，其中分布最多的就是因纽特人。

北冰洋的洋流系统是由挪威暖流、斯匹次卑尔根暖流、北角暖流和东格陵兰寒流等组成。北冰洋洋流进入大西洋，在地转偏向力的作用下，水流偏向右方，而格陵兰岛南下的洋流，在地理学上被称为拉布拉多寒流。

由于北冰洋的气候寒冷，它最大的水文特点是有常年不化的冰盖，冰盖面积占总面积的2/3左右。其余海面上分布有自东向西漂流的冰山和浮冰；只有巴伦支海地区受北角暖流的影响，常年不受封冻。北冰洋大部分岛屿上遍布冰川和冰盖，北冰洋沿岸地区则多为永冻土带，永冻层厚度可达数百米。

许多的探险家经常去北极点探险，因为那里每年近6个月都是黑夜，在这段时间，空中经常会有光彩夺目的激光出现。极光一般都是呈带状、弧状或者是放射状，极光最好的观测点就是北纬70°附近。相反，在北极点附近，除了漫长的黑夜则是白昼。

在北冰洋的大陆架，有丰富的石油和天然气，沿海岸地区则有丰富的煤、铁、磷酸盐、泥炭和有色金属。比如：在伯朝拉河流域、斯瓦尔巴群岛与格陵兰岛上的煤田，科拉半岛上的磷酸盐，阿拉斯加的石油和金矿等。所以说北冰洋是一个矿物质非常丰富的“宝地”。

世界上丰富的石油资源在中东地区分布比较多，但是，北冰洋海域也有丰富的石油和天然气。科学家们在北冰洋的海底发现了锰结核，主要是在巴伦支海、白海和喀啦海海底。美国曾经以低价购买了阿拉斯加，现在已经在该海域的北海湾进行石油开采。虽然北冰洋的气温比较低，但是有暖流汇入的海域也是北冰洋重要的渔场，如巴伦支海。

2007年，俄罗斯北极考察团在北极点附近成功地下潜了两艘微型的潜艇，并将俄罗斯的国旗插在了北极点下的海床上。以此来证明俄罗斯国家对该海域的拥有权。

俄罗斯北极考察团中的一位考察专家说“由于潜艇所能供应的氧气是有限的，他们必须在潜下之后立即返回，如果在返回过程中，潜艇被海洋的冰层卡住，他们就无法找到他们下潜的通道，他们也会面临着危险。”所以，潜艇在海底停留了大概一个小时左右，他们就立即返回了。

根据北冰洋的自然地理特点，北冰洋可以被划分为北极海区和北欧海区。其中属于北极海区的海峡有：喀啦海、拉普捷夫海、东西伯利亚海、楚科奇海、波弗特海及加拿大北极群岛各海峡，属于北欧海区的海峡有：格陵兰海、挪威海、巴伦支海和白海属北欧海区。

知 识 窗

矿藏、天然气、鱼及夏季航道也会出现在北极海，美国、俄国、加拿大、丹麦、挪威均在北极海的不少地方声称拥有领土，各国屡次就北极控制权发生争议。但没有国家可证明其大陆架伸延到北极，国际法规定北极不属于任何国家。

2007 年 8 月 2 日，俄罗斯北冰洋勘探小组乘小型潜艇，将装有俄罗斯国旗的容器，放到北冰洋底宣示主权。

2007 年 8 月 11 日，加拿大宣称将会在北极兴建两处军事设施，以宣示加国在北极的主权。次日，丹麦派遣一支由科学家组成的探险队前往北极冰层，展开历时 1 个月的考察任务，以寻找有关丹麦拥有北极地区主权的证据。

拓展思考

1. 北冰洋的气候条件是什么？
2. 北冰洋被什么包围着？
3. 北冰洋的地理特点是什么？

北极地理之北极圈

Bei Ji Di Li Zhi Bei Ji Quan

北极圈是北寒带与北温带之间的界线，其纬度数值为北纬 66°33′，与黄赤交角互余，其以内大部分是北冰洋。北极圈也是极昼和极夜现象开始出现的界线，北极圈以北的地区在夏天会出现极昼，而在冬天的时候会出现极夜。

经过科学研究证明：文明的人类将目光投向了北极地区，最早是从古希腊开始的。因为据说北极圈首先是由古希腊人确定出来的。他们发现，整个天上的星星是可以分成两组的，其中一组处在世界的北方，一年到头都能看得见；而另外一组则在天顶附近及偏南的位置，它们只是随着季节周期性地循环出现。这两组星星之间的分界线是由大熊星座所划出来的一个圆，而这个圆正好是北纬 66°33′的纬度圈，也就是所谓的北极圈。

北极圈的范围主要包括了格陵兰岛、北欧和俄罗斯北部，以及加拿大北部。北极圈内有很多的岛屿，最大的要数格陵兰岛。由于严寒，北冰洋

※ 纳尔维克港

区域内的生物种类相对来说比较少。植物主要以地衣和苔藓为主，树木非常稀少，动物著名的有北极熊、北极狼和北极驯鹿等等。

纳尔维克港是挪威北极圈内最大的港口城市，也是瑞典和芬兰北部重要的出海口，位于挪威海沿岸的乌夫特峡湾的东南岸。这是个非常美丽的地区，这个港口城市有一万多人。

世界最北的植物园位于北极的苏联喀拉半岛，即使在正常的夏天，也会遇到暴风雪或者霜冻。可是，那儿的花草和水果的种类照样生长得很茂盛。在离基洛夫斯克城不远的地方，有一个“北极——阿尔卑斯植物园”，它是苏联最大的植物园之一，也是世界上最北的植物园。

※ 冰原植物

在北美大陆的北极圈冻土中储存着碳元素，这个地区的碳元素相当于全球大气中碳含量1/6，这一研究结果大大超出了研究人员的预计。他们担心，如果由于全球变暖导致北极圈冻土融化，这些碳元素将以二氧化碳和甲烷的形式释放到大气中，从而进一步加快全球变暖的进程，全球变暖是一个非常危险的转变。

知识窗

美国地质勘探局发表报告称，北极圈内可利用石油储量预计为900亿桶，可以满足全球3年的石油需求量。英国《金融时报》报道指出，该报告很可能加剧各国在北极地区的主权争夺战，俄罗斯、美国、丹麦、挪威及加拿大均曾表示对该地区有控制权。

地质勘探局在第一份北极圈资源公开报告中说，北极圈分别拥有全球未探明石油储量的13%左右，以及全球未探明天然气储量的30%。其中，这一地区的天然气储量为47万亿立方米。美国地质勘探局说：广阔的北极大陆架可能构成了地球上最大一块尚未探知剩余石油的地区。

拓展思考

1. 北极圈内最大的港口城市是什么？
2. 北极圈中含有什么会加快全球气候变暖？
3. 北极圈的范围包括什么？

北极地理之北极点

Bei Ji Di Li Zhi Bei Ji Dian

北极点是地球自转轴穿过地心与地球表面相交的一点，并指向北极星附近的交点。假如你站在极点之上的话，“上北下南，左西右东”的地理常识，便不再管用。你的前后左右，就都是朝着南方。

很长时间以来，地球的自转轴和北极点都被认为是固定不变的，直到18世纪数学家莱昂哈德·欧拉才预测这个轴会轻微晃动。大约在20世纪初期，天文学家注意到，如果从地球上一个固定的地方来观察天上的恒星，就会发现有微小的行星在明显的纬度方向变动。这种变动的一部分可以归咎于极的漂移，但只是几米的量，而且有几个周期性的和一个不规则的标移分量。以大约435天为周期的、漂移的分量在欧拉预言的八个月的分量，现在被称为张德勒摇转之后被发现的。这种摆动意味着当要求的精确度高于1时，根据自转轴定义的北极就不再能适用了。

现如今，北极海冰加速融化已是全球科学家不用再争议的事实，连北极点周边大片海域的海冰都“未融先裂”，惊现一道道数千米长的开阔水域。一旦北极这个“冷凝器”功力下降的时候，将会对全球气候变化产生什么影响呢？

开始，人们并没有把北极点看得那么重要，只是想越过它而寻找一条通往中国的近路。后来，美国人改变了这一初衷。格雷斯和皮尔里，他们既不想发现新大陆，也不为搜集科学数据，而当成为一场纯粹的体育比赛，变成了一场争相到达“世界之巅”的竞争，并且取得了最后的胜利。

据科学家研究分析，在地球形成以来五、六亿年的历史长河中，绝大部分时间里并没有极地大冰盖。像现在这样，地球南北两端都“顶”个大冰盖的时期，也不过有两、三百年之久。而关于当代地球上为什么形成极地冰盖，其原因至今还只能是种种猜想，并没有公认的理论。

对于全球气候变暖，有的科学家认为是因为高原隆升，温室气体减少；有的科学家认为原因在于银河系的大周期——“宇宙的冬天”；还有的科学家认为是美洲的通道和大西洋的洋流，决定着北冰洋和北极冰盖的历史……

但是，北冰洋边上有着世界最大的大陆和最大的大洋，亚洲和太平洋

对于北极冰盖的演化难道就不起作用吗？答案：当然不是。

人类征服北极点的梦想已经有很长一段时间了，早在1527年，一位叫托尼的美国商人就曾写信给亨利八世，认为很有必要通过北极点去寻找一条通往中国之路。后来，威劳毕于1553年，巴伦支于1596年，哈得逊于1607年都曾试图通过北极点而寻找一条通往中国之路，虽然都以失败而告终，却为商船开辟了一条新的航线。

而对于极点来说，地球所有经线都收拢到了一点，无所谓时区的划分，也就失去了时间的标准，这的确是一件相当麻烦的事情。由于缺乏相同的标准，在极地工作的各国考察队员只好保留自己国家的地方时间。因此，当我们在南极考察遇到外国人时，一般不问“现在几点啦”，因为他们的回答往往使人感到莫名其妙。

至此，人类在北极所追求的三大目标，即东北航线、西北航线和北极点完成了。但是，这个考验付出的代价是相当昂贵的。根据不完全统计，仅仅是在正式探险中献身的人数就达508人。正是通过这些活动，人类不仅认识了北极，也检验了自己向大自然挑战的信心、决心和能力。

还有一点应该指出的是：在北极探险的时候，人们并没有把爱斯基摩人看在眼里，认为他们只是一些有待开化的民族。直到富兰克林的悲剧发生之后，北极探险者们才渐渐认识到要征服北极，必须得向爱斯基摩人学习。自豪尔开始，爱斯基摩人不仅给予历次的探险者以无私援助，而且还加入了一系列的、重要的北极考察，甚至付出了自己宝贵的生命，他们同样是功不可没的。无论是阿蒙森打通西北航线，还是皮尔里征服北极点，都得到了爱斯基摩人决定性的帮助。因此，在人类进军北极的历史过程中，爱斯基摩人是做出了极大贡献。

事情过了200年之后，为了同样的理由，莫普斯于1773年，斯科莱斯毕于1806年，伯坎于1818年，潘瑞于1827年再次试图通过北极点，寻找一条到达东方的近路。后来，是美国人改变了这一进程的初衷。

中国作为北半球国家，我国的冷空气与北极是息息相关的。不管北极发生的、任何细微性的变化，我国都会受到相关的影响。加强北极科学考察，探寻北极冰盖形成的缘由，深入研究北极海冰快速变化的机理，加强对北极气候变化的预测，必定对我国国民经济和社会可持续发展具有非常重要的意义。

知识窗

位梦华是一个极具传奇色彩的中国科学家。

人生的道路是难以预测的，1982 年，位梦华从美国去了南北极之后，便与地球的两极结下了不解之缘。1990 年初，他正式开始筹划独自闯北极的考察计划。首先遇到的是经费问题，他这样形容当时的心情："要钱没有，要命一条，如果谁肯出一点钱，我就可以豁上一条命。"还好，经过奔波，位梦华终于得到了国家南北极科学考察委员会办公室的联合资助。于是，1991 年 6 月，他一个人跑到了北极。

拓展思考

1. 地球的自转轴和北极点是固定不变的吗？
2. 为什么说我们国家的冷空气与北极息息相关？
3. 人类在追求北极的三大目标是什么？

北极地理之北极冰川

Bei Ji Di Li Zhi Bei Ji Bing Chuan

浩瀚的宇宙中分布着众多的行星，唯有地球是最幸运的。在我们这个幸运的星球上，水、冰和水汽能够同时并存，在特定的条件下互相转换，这才有了地球多种多样的生命形式，才有了人类的文明史。

地球的历史和现状，是和水分不开的。地球的未来，在很大程度上是和水的多少，以及水的存在形态是密切关联着的。有一种学说认为，在远古时代，现在的南极大陆和北极圈里的格陵兰等岛屿，都曾被热带森林所覆盖。那时是“水进冰退”，后来，又经历了一个“冰进水退”的时代，南极大陆和格陵兰等北极圈内的不少岛屿常年被冰封着。

冰川是固态的水，是地球上主要的淡水资源，地球上 90％的淡水资源蕴藏于冰川。所以，冰川又称地球的固体水库。冰川是在一定条件下地球变化的产物，是科学家研究气候变化的窗口，也是地球气候变化的寒暑

※ 北极冰川

表。北极冰川气候的变化对人类生活影响很大，尤其是北半球，更受到北极冰川变化的直接影响。

人类在迈向文明的同时，也直接对生态环境造成了破坏。北极冰川，对于研究人类的生存环境有着特殊的意义，人类不能再把北极冰川的水资源弄脏了。

近年来，各种全球变暖背景下的极端气候现象在世界各个地方频频上演，全球变暖还引起冰川崩塌消融、海平面上升、粮食减产、物种灭绝……由人类燃烧化石燃料排放大量二氧化碳等温室气体而造成的全球全球变暖已经把地球环境推到了最危险的边缘。

地球的表面发烧了，冰川在不断融化，人们在无节制地向自然索取更多宝贵的资源，却忽视这样的一个后果：一旦打破生态平衡，人类将会受到大自然的严厉惩罚，哭泣的冰川，无助的北极熊…… 下一个危害到的将会是人类自己。面对悠然而至的危机，人们提出了“低碳”的概念。“低碳”生活就是减少二氧化碳的排放。

北极逐渐融化的冰川也使得隐藏地下的丰富能源显露出来，同时向全世界提供了更加丰富的海洋渔业资源。新的捕鱼区将随之开放，新的航海线也将开辟，一些欧洲国家到太平洋的航海线将大大缩短。就目前而言，不少国家已经从北极冰川的融化中看到了发展的机遇，他们希望在北极发展出新的能源、交通和渔业等产业。有人担心，这些新机遇可能引发北极资源的明争暗斗，最终可能爆发可怕的战争。现代产业的繁荣还使得北极这一纯净之地可能遭遇不可逆转的环境破坏。

大自然是大家共同善良的母亲，也是毁害生灵的屠夫。北极冰川的融化为我们敲响了警钟：人类把地球环境破坏得这么糟，导致了很多后果严重事情的发生。对于这样的例子有很多！比如：发生的智利 8 极大地震，我国新疆雪灾引起的大雪崩和现在持续的干旱天气造成冬种作物几乎都要绝收…… 这些都是大自然对人类的惩罚！

整个中国都在遭受气候变化的影响，无论你是身在首都北京还是远在海南、新疆，全球的气候已经在一点点变暖。

全球变暖的最大恶果之一就是地球两极的冰川正在加速融化，特别是北极地区。目前北极冰川融化的速度非常惊人，大量淡水进入北冰洋，降低了海水的盐度。对于这一现象发生的后果是，因为海水自身盐度的变化，海水洋流也将发生变化，而洋流是调节全球气候的重要因素，一旦北半球的洋流停止，将带来非常严重的后果：大量海洋生物将灭绝；海洋失去调节大气中温室气体的功能；富饶的北欧地区将变成冰天雪地的世界……当然了，不要让最后一滴水成为我们的眼泪！

所以，人类都要行动起来，保护环境，从身边的小事做起！大家可以出门时随身携带一个垃圾袋，将果皮纸屑丢入里面，不污染环境卫生！北极冰川别哭泣！只要我们人人都懂得低碳生活，只要我们人人都懂得重视绿色环保，只要我们人人都自觉行动，我们居住的地球就会变得越来越美，越来越可爱！保护地球就是保护人类自己！

知识窗

伴随着气温升高而释放出来的化学物质包括杀虫剂 DDT、林丹、氯丹等农药，还有工业化学物质多氯联苯以及杀菌剂六氯苯等。这些化学物质被称为持久性有机污染物，会导致人类癌症和出生缺陷，而且降解速度非常缓慢。在过去几十年间，北极圈的低温把具有挥发性的持久性有机污染物冻结封存在冰层和冰冷的海水中。研究人员通过对比 1993 年到 2009 年间的持久性有机污染物测量值之后发现，全球变暖正在把这些持久性有机污染物释放出来。

研究小组认为：在气候变暖和海洋冰面融化的影响下，被冻结的有毒化学物质正在复苏。来自加拿大环境部空气质量部门的小组成员海丽表示，他们的研究工作初步证明了北极圈持久性有机污染物正在复苏。“不过这仅仅只是开始”，她说，“下一步任务是确定持久性有机污染物在北极圈的含量、释放速度以及释放量。”

拓展思考

1. 为什么说地球发烧了？
2. 对于冰川，你说说自己的想法？
3. 全球变暖的最大恶果之一是什么？

第八章 北极的气候变化

BEIJIDEQIHOUBIANHUA

对于定居在北极圈之内的人来说，早在“全球变暖”和“气候变化”这样的词汇充斥起来之前，一些不同寻常的现象就已经出现在记忆中了。

从地球的历史来看，北极对气候的响应的确十分鲜明，有时寒冷有时温暖，在此生活的物种也随之变化。

实际上，北极的一片冰雪世界并不是一直就存在的。大约在5500万年前，地球开始变冷，之后才出现冰雪覆盖的格陵兰岛、南极洲以及冻结的北冰洋。近年来的冰芯研究显示，北极的冰山在4500万年前开始出现，与南极冰盖的形成几乎在同一时期。在之后的一段时间里，地球上的二氧化碳浓度出现了显著的下降。

北极气候之环境变化

Bei Ji Qi Hou Zhi Huan Jing Bian Hua

北极与南极一样，北极地区的陆地与岛屿上的茫茫冰盖，看上去辽远而平静，这种平静似乎代表某种永恒的静止。实际上并不是这样的，由于冰雪自身的重量，陆地冰盖不断地向海岸方向移动，这种移动深沉缓慢而又无可阻挡。格陵兰岛内陆冰盖的年平均移动速度是几米，而在沿海则可达100～200米。至于那些巨大的冰川，运动速度就大得多了。所谓冰川，实际上就是指冰雪的河流。数十亿至数百亿吨的冰雪在冰川运行的山谷或低地中静静地推挤着、摩擦着、移动着，这样造就了分布不均的情况。它们缓缓地，但却一往无前地向大海流去，最后惊天动地般地崩落入海中。冰盖移动，最后崩落到海水里形成了巨大的冰山。仅仅通过这种方式，格陵兰岛的陆地冰盖每年损失的冰量达到150立方千米。另一方面，格陵兰岛每年通过降雪而累积的总冰量却大约170立方千米。但是与南极的情况一样，到目前为止，科学家们还不能肯定地回答，格陵兰岛的大陆冰盖究竟是在缓慢增长，还是在渐渐消亡。

北冰洋的冬季从11月起直到次年4月，长达6个月之久，每年的5、6月和9、10月分属春季和秋季，而夏季仅7、8两个月。1月份的平均气温在－20℃～－40℃之间。而最暖月8月的平均气温也只达到－8℃。在北冰洋极点附近漂流站上测到的最低气温是－59℃。由于洋流和北极反气旋的影响，北极地区最冷的地方并不在中央北冰洋。在西伯利亚维尔霍杨斯克曾记录到－70℃的最低温度，在阿拉斯加的普罗斯佩克特地区也曾记录到－62℃的气温。

越是接近极点的地方，极地的气象和气候特征显示得越明显。在那里，一年的时光只有一天一夜。即使在仲夏时节，太阳也只是远远地挂在南方地平线上，发着惨淡的白光。太阳升起的高度从不会超过23.5°，它静静地环绕着这无边无际的白色世界缓缓移动着。几个月之后，太阳运行的轨迹渐渐地向地平线接近，于是开始了漫长的北极黄昏季节。

随着社会的发展，涌现出了很多的摄影人物。很多摄影爱好者对于日出日落的丰富色彩和壮丽景色十分感兴趣，他们往往辛苦等待很多天，才能凭运气抓住宝贵的几秒钟拍摄下最美丽的画面。他们到北极来，捕捉日

出日落的美景是非常不容易的。因为在这里，每个黎明或者黄昏都能持续一两个月的时间，这么长的时间足够摄影家们细细地把握时机拍出最美好的照片来。对于这里的整个秋季就是一个黄昏，随之而来的将是漫漫长夜。极夜又冷又寂寞，漆黑的夜空可持续五六个月之久。直到第二年的3—4 月份，地平线上才又渐渐露出微光，太阳慢慢地沿着近乎水平的轨迹露出自己的脸庞——北极新一年的黎明就是这样开始的。

就整体而言，北极地区的平均风速远不及南极的风速，即使在寒冷的冬季，北冰洋沿岸的平均风速也仅达到 10 米/秒。尤其是在北欧海域，主要受到北角暖流的控制，全年水面温度保持在 2℃～12℃之间，甚至位于北纬 69°的摩尔曼斯克也是著名的不冻港。在那个地区，即使在冬季，15 米/秒以上的疾风也比较少见。但由于格陵兰岛、北美及欧亚大陆北部冬季的冷高压，北冰洋海域时常会出现猛烈的暴风雪。北极地区的降水量普遍比南极内陆要高得多，一般年降水量介于 100～250 毫米之间，格陵兰海域则达到每年 500 毫米。

知识窗

北极地区自然资源的开发，必然要影响到北极的生态环境。如何保护这里的环境，已受到国际社会的广泛关注。

1911 年，美国、俄国、日本和英国共同签署了一项保护毛皮海豹的条约。规定在北纬 30°以北的太平洋里禁止捕猎海豹。两年以后，美国和英国又签订了一项保护北极和亚北极候鸟的协议。类似的条约和协议还有：1923 年，由美国和英国提出并签订的保护太平洋北部和白海峡的鱼类的协议；1931 年，美国和其他 25 个国家签订的捕鲸管理条约；1946 年，共有 15 个国家签订的捕鲸管理国际条约，并成立了一个国际捕鲸委员会；1973 年，由加拿大、丹麦、挪威、苏联和美国共同签订的北极熊保护协议；以及 1976 年由前苏联和美国签订的保护北极候鸟及其生存环境的协议等等。

拓展思考

1. 北极的环境有什么特点？
2. 摄影师为什么对北极的日出和日落异常感兴趣？

北极气候之全年寒冷

Bei Ji Qi Hou Zhi Quan Nian Han Leng

北极地区的气候全年是寒冷的，远看北冰洋是一片浩瀚的冰封海洋，周围是众多的岛屿以及北美洲和亚洲北部的沿海地区。冬季，太阳始终在地平线以下，大海完全封冻结冰；夏季，气温上升到冰点以上，北冰洋的边缘地带的冰雪融化，太阳连续几个星期都挂在天空。

越来越多的专家相信，复杂的气流模式正被逐渐地改变着，因为日益融化的海冰使通常会冻结的大面积海域暴露于其上的大气层。

科学家认为，特别是北极海冰的减少会影响俄罗斯以北上空高压天气系统的发展，该天气系统将北极和西伯利亚的寒风带到欧洲和不列颠群岛。俄罗斯西北强烈的高气压是导致横扫欧洲的、寒冷的东风的原因，一些气候科学家认为北极海冰的减少是由全球气候变暖引起的。

“当前的天气模式印证了计算机模型的预测——大气如何对全球变暖

※ 美丽的雪景

导致的海冰减少做出反应”，波茨坦气候影响研究所的斯蒂芬·拉姆斯多夫教授说，“不会冰冻的海像一个加热器一样使得海水比其上的空气要暖和。这导致巴伦支海上空高气压系统的形成，而它将冷空气带进了欧洲。”

2010 年，气候变化的影响使整个北极地区冰雪融化越加明显，如气温升高、海冰消退和冰河融化等。一支由多国科学家组成的国际研究团队对北极气候进行了相关的评估，发现了北极地区全面加速暖化的新证据。科学家们认为，这些现象意味着北极地区气候可能永远也不会回到原先那种寒冷的程度了。

美国国家海洋和大气管理局太平洋海洋环境实验室海洋学家吉姆·奥弗兰德介绍说，在冬季的几个月间，冷空气通常局限于北极地区。但是在 2009 年底到 2010 年初，强大的气流将冷空气从北方向南吹，这不是一项典型的从西到东模式。奥弗兰德认为，这就是暖化的北极与中纬度极端寒冷和暴风雪气候之间的直接联系。在未来 50 年内，随着北极海冰的不断消融，这一现象将变得越来越常见。

北极地区是不折不扣的冰雪世界，但由于洋流的运动，北冰洋表面的海冰总在不停地漂移、裂解与融化，因而不可能像南极大陆那样经历数百万年积累起数千米厚的冰雪。所以，北极地区的冰雪总量只接近于南极的 1/10，大部分集中在格陵兰岛的大陆性冰盖中，而北冰洋海冰、其他岛屿及周边陆地的永久性冰雪量仅占很小部分。

北冰洋表面的绝大部分终年被海冰覆盖，是地球上唯一的白色海洋。北冰洋海冰平均厚 3 米，冬季覆盖海洋总面积的 73%，约有 1000 万～1100 万平方千米，夏季覆盖 53%，约有 750 万～800 万平方千米。中央北冰洋的海冰已持续存在 300 万年，属永久性海冰。

到了北极边缘的熊，由于气候异常寒冷，它们逐渐学会了在冰冷的海水中游泳，还学会了潜入水下、到海水中捕食鱼虾，甚至敢于与比自己体积还大的海豹搏斗……长期下来，它们的身体比以前更大更重、更加凶猛。

知识窗

北冰洋周围的大部分地区都比较平坦，没有树木生长。冬季大地封冻，地面上覆盖着厚厚的积雪。夏季积雪融化，表层土解冻，植物生长开花，为驯鹿和麝牛等动物提供了食物。同时，狼和北极熊等食肉动物也依靠捕食其他动物得以存活。最有代表性和象征北极的动物是北极熊。

北极地区是世界上人口最稀少的地区之一。千百年以来，因纽特人在这里世代繁衍生息。最近，这里发现了石油，因而许多人从南部来到这里工作。

拓展思考

1. 北极地区气候的特点是什么？
2. 哪一年北极气候变化特别明显？
3. 在未来 50 年之内，北极地区会发生什么变化？

北极气候之极地高压控制

Bei Ji Qi Hou Zhi Ji Di Gao Ya Kong Zhi

发生降雨的前提是有云和有上下对流，北极有常年冷高压控制的下降风，在人烟稀少地区，地面热气流不足以抵抗冷高压控制的时候，才会把云赶跑，形成长期无云无雨的气候。在冷高压控制的干旱区域，只要在地面上增加烟火的排放，就能增加雨的降水量。

温度在－40℃的低温，突破低温历史极值，低温持续10多天……内蒙古、黑龙江等地遭遇极寒天气。极寒天气对当地人们的工作和生活造成了非常大的影响！

针对近期我国全国气温普遍偏低，内蒙古、黑龙江一些地方出现－40℃低温天气。中国气象局国家气候中心气候监测室的工程师做出了相关的统计和分析，研究指出：自入冬以来，赤道中东太平洋拉尼娜事件持续发展，很容易导致我国大部冬季气温偏低。同时北太平洋海温持续偏暖，西伯利亚高压持续偏强，海陆热力之间的差异显得非常大，有利于东亚冬季风偏强，带来冷空气。

乌拉尔阻塞高压位于乌拉尔山附近、欧亚交界区域。阻塞高压的建立和崩溃常常伴随着一次大范围甚至半球范围的环流型式的剧烈转变。其建立标志着纬向环流向径向环流的转变；持续则标志径向环流处于强盛阶段，有利于高纬冷空气不断南下；它的崩溃，标志着径向环流向纬向环流的转变。乌拉尔山和鄂霍次克海常有阻塞高压，当它们稳定维持时，中国南方多连阴雨，冬季多雨雪冰冻天气；当乌拉尔阻塞高压减弱崩溃时，常常会引起中国寒潮的爆发。

全球“冷冬”的发生与北极地区的高气压有直接的关系，冬季，北极地区高压强度较大，持续时间长，将冷湿气流源源不断地往中高纬度输送。美国、加拿大和俄罗斯相继发生了暴雪天气，极端天气频繁发生，在历届史上已发生得越来越明显。这也导致了目前我国北方地区迟迟不能回暖。但暖冬是全球性的，气候的变化往往呈现震动性，区域性的低温并不能改变总体变暖的趋势。

知识窗

回顾人类进军北极的历程，可以看出“天然时期”主要是由亚洲人完成的。而自从文明人类有目的地探索北极开始，就几乎全是欧洲人的功劳了。直到20世纪80年代，中华民族终于把目光投向了遥远的地平线。改革开放短短的30年里，我们中华民族的足迹正在迅速地延伸到世界的各个角落，包括最遥远的南极大陆。然而，时至今日，却仍然还有约占地球表面积1/7的一大片地区，还没有中国人的足迹，那就是地球之巅——北极。

1993年4月8日，一位名叫李乐诗的香港女士，第一次代表占世界人口1/5的中华民族乘飞机到达北极点，迎着狂风展开了一面五星红旗。

拓展思考

1. 什么是极地高压？
2. 举例说明北极受高压的控制？
3. 为什么2012年的冬天更冷一些？

第九章 北极生物耐寒机理

BEIJISHENGWUNAIHANJILI

北极的象征性的动物是北极熊，北极熊的耐寒能力是人类望尘莫及的。25 万年前，北极熊从棕熊的一支进化并北迁，随极地气候的变冷而日益形成了一身保温效能极高的皮毛。经过长时间的研究，科学家正在推测出关系北极生物耐寒的基因。

北极熊为什么耐寒

Bei Ji Xiong Wei Shen Me Nai Han

北极是地球上全年平均气温最低的地区，这里的气温有时可达到－80℃，这样的低温对于一般的哺乳动物根本就无法生存。然而，北极熊却若无其事地生活在这里。

※ 可爱的北极熊

对于北极地区可以用八个字来形容：千年冰封、万里雪飘。如果说鱼儿不会冻死，那是因为水有反常膨胀的特性原因。那么，长年赤身裸体地生活在摄氏零下几十度冰天雪地中的北极熊不为严寒所困，依然能够自由自在地生活在寒冷的北极，这究竟是什么原因呢？北极熊的耐寒能力是人类望尘莫及的。科学家们经过长期研究，终于解开了这个谜底。原来是因为北极熊除了全身充满有御寒作用的脂肪外，其外在的衣服——皮毛，更是祖先赐给它们自身的保温财富。25 万年前，北极熊从棕熊的一支进化并北迁，随着极地气候的变冷而日益形成了一身保温效能极高的皮毛，北极熊的毛呈极透光的白色，中空结构，每一根毛都堪称是精密的光纤加热器，不断地为身体吸收热量，从而起到了一定的保温作用。

如果说企鹅是南极的象征，那么北极的象征自然就是北极熊了。北极熊是北极地区最大的食肉动物，正是因为这个特点使北极熊自然也就成了北极的主宰。但是，如果从生态平衡的角度来考虑的话，人们不禁会提出这样的问题：既然狼群的捕猎目标是驯鹿和麝牛等北极最大的食草动物，那么还要北极熊干什么？是的，如果仅从陆上来看，北极熊的存在的确是有点多余，这种庞然大物也在草原上迎来逝去，不仅会对本来就为数不多的驯鹿和麝牛其他动物等的生存造成巨大的威胁，而且也会与狼群争食，使狼群陷入饥饿的境地。然而，深思熟虑的造物主自有其天衣无缝的巧妙

※ 北极熊在寻食

安排，它让北极熊生活的中心地区是在冰盖上。因为那里有大量海象和海豹之类在繁衍生息，除了为数极少的嗜杀鲸之外，基本上不存在什么天敌，它们那硕大肥胖的躯体又必须要有一种强大而贪食的动物去消耗。于是，北极熊便在这个茫茫无边的冰雪世界里确定了自己无可争议的统治地位，成了这个白色王国的主宰，不必再跑到陆地上去与可怜的狼群争食，北极熊正好找到了自己的用武之地。尽管如此，北极熊仍然是一种陆生动物。

北极熊全身披着厚厚的白毛，甚至耳朵和脚掌亦是如此，仅鼻头和眼睛有一点黑，整个看上去非常可爱。北极熊身体上的毛发结构极其复杂，起着极好的保温隔热作用。因此，北极熊在浮冰上可以轻松自如地行走，完全不必担心北极的严寒。北极熊的体形呈流线型，北极熊善于游泳，熊掌宽大犹如双桨，因此在北冰洋那冰冷的海水里，它可以用两条前腿奋力前划，后腿并在一起，掌握着前进的方向，起着舵的作用，一口气可以畅游到四五十千米之外，关于这一方面北极熊也算得上游泳健将了。北极熊奔跑起来，风驰电掣、快如闪电，时速可达到 60 千米，但并不能持续太久，只可进行短距离的冲刺。所以，在宽阔的陆地上，假若人和熊进行长跑比赛的话，北极熊必败无疑。

北极熊是狗熊里的一种，北极熊虽然生活在寒冷刺骨的北极，但是它却一点也不在乎，反而在北极生活得无忧无虑。在一望无际的冰面上能看到北极熊矫健的身影，它们那纯白的毛，与北极冰天雪地的环境浑然一体。北极熊身体表面的毛可分两层：外面一层毛直立着，比较粗糙，能把太阳照射到身上的阳光全部吸收；里面的一层，是短而细密的绒毛，毛与毛之间充满着空气，这样就可以使身体的热量不容易散发，从而保持体内正常的体温。另外，北极熊的耳朵和脚掌也都长着厚厚的毛，所以在寒冷的冬天里北极熊是不怕冷的。北极熊的性情非常凶猛，常常喜欢独来独往，从不结伴而行。它的捉食本领很高，冬天河水结冰后，它把冰破成冰窟窿，蹲在旁边，等候海豹上来。海豹一露头，它就一下子扑上去捉住吃掉。北极熊是北极的稀有动物，备受游人的喜欢。

在北极圈内，有一个名为丘吉尔城的城市，这个城市是以英国前首相的名字而命名的，体现了这块圣地的迷人之处。因此，它曾经招致众多的人们纷纷前来此地，不为别的，不为印证丘吉尔是否到过这里，也不为追寻丘吉尔城的荒凉与处于极地，仅仅为了亲眼目睹北极地区的主打动物——北极熊。人们要见证北极熊的憨态，北极熊的相扶携子，北极熊的凶猛顽强，北极熊对茫茫白雪的执著，北极熊对炎炎夏日的厌恶……

北极熊身上的皮毛实在是太神奇了，穿着这样的“外套”，北极熊当然不用害怕寒冷的北极了。

知识窗

科学家发现，北极冰层变薄，让北极熊无法觅食，饥饿的公熊竟然转而残杀小熊或是同类来填饱肚子。

北极熊通常捕猎海豹为食，但是在非常饥饿又没有找到海豹时，它们就会努力寻找其他替代目标，甚至一些体形较大的北极熊会以同类为捕猎目标。罗斯解释说：“这种同类间的捕食现象时有发生。然而，根据观测的数据，这种现象现在发生的频率越来越高。尤其是随着气候变暖，海冰大规模消退，这就造成了北极熊被困于食物短缺的陆地之上。食物短缺的季节越来越长，北极熊同类残杀的现象也就越来越频繁。”

科学家称，海冰以往很早就形成，北极熊可以利用海冰接近海豹，猎食后积聚过冬所需的脂肪。但现在，哈德逊湾的海冰形成比以往要晚数周，饥饿的北极熊等不及，只好先吃幼熊。

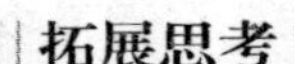

拓展思考

1. 北极熊身上的皮毛起到什么作用？
2. 北极熊为什么会成为白色王国的主宰？
3. 请用自己的话概括北极熊为什么不怕冷？

北极鸭为什么称为耐寒冠军

Bei Ji Ya Wei Shen Me Cheng Wei Nai Han Guan Jun

※ 北极鸭

苏东坡的《惠崇〈春江晓景〉》开头两句写到："竹外桃花三两枝，春江水暖鸭先知。"为什么江中水暖是鸭先知道呢？原来是因为，天气逐渐变冷，只有鸭子才敢在水中游，因而开春水暖，鸭子自然是最先知道的。

终年栖息在北极地带的鸭，长着一身黑白双色的丰满羽毛，一般体重为 5～6 千克。它们喜爱群居，每年夏末造窝，秋初产卵，每窝 4～5 只。经过约 25 天的孵化，小鸭破壳而出。小鸭出世两周后，就被母鸭带到水中去"锻炼"和捕食，增加营养，增强体质，准备迎接即将来临的寒冬考验。

北极鸭通常用"傻乎乎"三个字来形容，被认为是一种低能动物，除了会游泳之外，其自身的生存技能是完全不占优势的。然而，也许是环境所迫的缘故吧，北极鸭的智商似乎还是蛮高的。北极熊长期来被人们认为是耐寒动物的象征，在北极的"居民"中是否还有比它更耐寒的呢？不久前，挪威科学家对北极地区的动物作了一次耐寒的试验。结果证明，耐寒冠军的荣誉应归于北极鸭，而不是北极白熊。因为北极鸭能经受－110℃寒冷的考验，北极鸭是耐寒冠军，在－100℃时，照样能摇摇摆摆地呷呷不止，要到－110℃时才沉默下来。而大多数动物只能忍受－45℃的严寒。其次是海豹，然后才轮到白熊。白熊只能忍受－80℃的考验。北极鸭之所以能耐严寒，是因为它的羽毛下游一层细毛绒，像毛毯一样裹在身上，所以有助于保温和御寒。

北极鸭在雪地上睡眠时，既不俯卧，又不卧躺在雪地上，而是单脚独立，另一只脚缩着藏于腹中，累了再换一只，就这样依次轮换着。

北极鸭耐寒的秘密在于它们身上长满了浓密和多油脂的羽毛，中间的小孔贮满了空气，这样的羽毛起到了隔冷的作用。另外，它们的皮下脂肪厚，也减少了热量的散失。

※ 栖息在水中的北极鸭

北极鸭原产于冰岛，被美国引进后经过了多年的选育，已成为当今世界上最耐寒、最高产的蛋鸭。我国为改良国内蛋鸭产蛋低，不耐寒的劣势，特意从美国引进北极寒鸭。通过一年多的试养，充分验证了该鸭的优良特点和可观价值。

鸭肉肥而鲜美，可谓上等野味，而毛绒制登山服和极地御寒服装，具有较高的经济价值。北极鸭的经济价值高，鸭蛋和鸭肉是营养丰富的绿色食品，羽毛是轻工业原料，也是出口佳品，该鸭的体型、外貌、蛋壳颜色整齐一致，是蛋型较大的、世界著名的高产蛋鸭。该鸭喜欢奔跑、耐高寒，抗病力强，食量小，耐粗饲，种蛋受精率高，雏鸭成活率高，适合全国各地大规模养殖，在北方高寒地区饲养，照常高产、稳产，充分显示了它极其优越的抗寒能力。

北极鸭的饲养方法和普通鸭子的饲养方法有共同之处，公鸭体重 1.7～1.8 千克，母鸭 1.85 千克左右，开产日龄 110～120 天左右，年产量在 280～300 枚，四季产蛋，平均蛋重 72 克，青色，母鸭使用年限为 2—3 年。

知识窗

绒鸭的巢区十分靠近一种海鸥的巢，而这种海鸥不好相处，是绒鸭卵和幼雏的捕猎者，既然如此，为何绒鸭仍然喜欢与这种海鸥为邻居呢？原来欧绒鸭正是借助这种海鸥的力量，将其更强大的敌人如贼鸥、北极狐等赶走，使这种海鸥在保护自身巢区的同时，也使绒鸭免遭侵害。绒鸭的这种牺牲局部利益以换取更大好处的做法，确实是很聪明的。

拓展思考

1. 苏东坡是怎样形容鸭子的耐寒机理的？
2. 为什么北极鸭被称为耐寒冠军？
3. 北极鸭耐寒有什么秘密？

北极驯鹿为什么被称为雪路先锋

Bei Ji Xun Lu Wei Shen Me Bei Cheng Wei Xue Lu Xian Feng

※ 北极驯鹿

北极驯鹿又名北方鹿，并非是驯养的一种鹿。驯鹿区别于世界上其他鹿种的最大特点是：雄鹿和雌鹿都长着树枝般的鹿角。驯鹿的名字是从印第安语“克萨里布”演变而来，其意思是“雪路先锋”。这个名起得非常恰当，因为它强壮而灵活的四肢及那坚硬而宽大的四蹄，使它不仅在雪地上行进自如，也能从地下 1 米深的坚硬雪里刨出食物。

驯鹿主要分布在北半球的欧亚大陆、北美洲北部及一些大型岛屿，在中国地区，它们主要生活在大兴安岭东北部林区。驯鹿被称为北极圈里最具灵性的动物，它们有些什么特点呢？

驯鹿大规模的迁徙是非常令人惊叹的，它们常常长途跋涉 500～700 千米，甚至上千千米，这一点完全可以与候鸟媲美。驯鹿的体型中等的，体长为 100～125 厘米，肩高 100～120 厘米。角干向前弯曲，各枝有分杈，雄鹿 3 月脱角，雌鹿稍晚，约在 4 月中、下旬。驯鹿头长而且直，嘴粗，唇发达，眼较大，眼眶突出，鼻孔大，颈粗短，下垂明显，无鼻镜，鼻孔生长着短绒毛，耳较短似马耳，额凹；颈长，肩稍隆起，背腰平直；尾短；主蹄大而阔，中央裂线很深，悬蹄大，掌面宽阔，是鹿类中最大的，行走时能触及地面，因此适于在雪地和崎岖不平的道路上行走。

驯鹿体背毛色夏季为灰棕、栗棕色，腹面和尾下部、四肢内侧白色，冬毛稍淡、灰褐或灰棕，髯毛和会阴毛密生，呈白色。5 月开始脱毛，9 月长冬毛。当仔鹿出生后 10 天左右就开始生长初角茸。

驯鹿的最惊人之处是顽强的耐寒能力、从厚而坚实的雪下觅食以及在雪地、泥泞的沼泽地上行走、奔跑自如的本领。驯鹿的冬毛浓密且细，毛干充满空气，所以又长又脆；而绒毛间也饱含空气，因而既柔软又卷曲，这样，驯鹿好似身着“双层皮袄”。鹿毛厚密能抵御寒风的袭击，而毛里充足的空气，使它具有良好的浮力。因此，驯鹿能轻而易举地穿江渡河。

驯鹿的主食主要是冻土带的植物，夏天的时候，它们吃青草、树叶和鲜蘑；而到了冬天，扒开积雪寻找地衣和苔藓食用。然而，它也不放过捕捉旅鼠的机会；遇到鸟巢时，也会把鸟蛋及幼雏一扫而光。在寒冷漫长的极夜里，驯鹿仿效南极企鹅的方式，紧紧挤在一起，度过寒冷的冬季，等待春天的到来。

知识窗

白尾鹿栖息在从加拿大南方到南美洲的森林地带，其特点是短尾巴的下部呈白色。白尾鹿受惊和逃跑的时候，尾巴会高高地翘起来，像是发出危险信号的旗帜。白尾鹿通常独居或小群活动。冬天的时候可能会聚集在一起，在雪地上行动。

北方的白尾鹿体形较大，肩高可达 106 厘米，体重可达 180 千克。少数甚至可以超过 225 千克。成年的白尾鹿夏天皮毛呈明亮的红褐色，冬天呈较暗淡的灰褐色，腹部发白。雄鹿有向前弯曲的鹿角，角上有一些不分叉的尖角。它们的生活区域包括林地、树木稀少的地区，都市和乡村的郊外。这些地区经常被人侵占开垦、种植果树和庄稼。白尾鹿主要食树叶、嫩枝、苔藓和大多数植物的果实和核。

由于栖息地遭破坏，加上人类的捕猎，哥伦比亚白尾鹿已名列濒危动物行列。不过，由于近年来采取了有效的保护措施，数量有所增加，可能有幸免于绝种。

拓展思考

1. 北极驯鹿有什么特点？
2. 为什么说北极驯鹿大规模的迁徙是令人惊叹的？
3. 北极驯鹿主要以什么食物为主？

北极的寒冷为什么沉默了

Bei Ji De Han Leng Wei Shen Me Chen Mo Le

※ 冰雪融化的现象

全球气候正在逐渐变暖，但北极狐、北极熊和海豹这些世界上最耐寒的生物怎么会被冻得结冰呢？其实，这是ATMA空调关于制冷功能的一则宣传广告。强劲的制冷效果更胜北极极寒，让这些耐寒的动物们都冻得没了精神，自己封住嘴巴沉默地望着你，似乎在渴求你赶快把空调搬走。世间万物都是这样，让人捉摸不定。

德国波茨坦阿尔弗雷德·瓦格纳极地与海洋研究所地貌学家休斯·兰特乌特表示，永冻土海岸长大约24.9万英里，占地球海岸面积的1/3左右。自上一个冰河时代以来，周围数公里的海冰让很多永冻土海岸保持较为稳定的状态，但在温度不断升高的北极，冰覆盖量不断减少。兰特乌特说："这些海岸一年中的绝大多数时间都受到海冰的保护，如果海冰覆盖量减少，遭侵蚀程度将更为严重。"

由于北极气候变暖，大量永冻土带融化，流入海洋。自2000年以来，数十名科学家便对大约6.2万英里占整个北极海岸线的50%左右北极海岸线进行研究。经过科学研究发现，北极部分地区的永久冻结带每年遭侵蚀的程度最多达到30米。拉普帖夫海、东西伯利亚和波弗特海沿岸的永冻土带遭侵蚀情况最为严重。

被侵蚀后的海岸不仅意味着陆地遭受损失，同时也会影响当地的生态系统的变化。水生环境可能因富含营养物的沿岸沉积物流入海洋发生改变。"近岸水域的氮和磷等营养物不断增多可能影响食物链的第一环，例如细菌和其他微生物，它们以这些营养物为食。食物链中体型最大的动物也最终遭受影响。"兰特乌特表示很难预测这些变化。

北极地区对全球变暖效应反应得十分敏感，由于北极的冰山上为浮冰，海水温度对其消融有非常大的影响。近年来，冰山消融显现得更为显著。美国海军研究生院和NASA以及波兰科学学会海洋科学研究院合作的一份研究报告估计，北极地区的冰山有可能在未来的2013年就会全部消失。事实上，北极冰山消融的速度比预计中还要快。根据法国国家科学研究中心，北极冰盖在2005年至2007年的融化面积相当于法国国土面积的两倍。经过美国科学家的最新估测得出，在1953年至2007年期间，北极地区冰雪每十年消失达7.8%。

知识窗

随着全球气候变暖，北极地区的冰雪融化得越来越快。冰融水流入冰川锅穴后还会起到一种润滑作用，促使冰川向大海加速移动，最终整个冰川消失于海水之中。由于气候变暖，冰融水和相对温暖的海水使得格陵兰岛上巨大的冰川开始开裂并急速地向海洋滑行。

随着气候变暖，许多冰盖开始融化，冰融水形成了一条条溪流。这些溪流最终又会流入冰川锅穴之中。冰川锅穴就是冰川中近于直立的井穴或洞穴，是由冰面因融化等原因坍落而形成。人们站在这样的冰面上，可以听到巨大的水流声，可以明显感受到危险的存在。如果落入冰川锅穴之中，你将会永远被埋于冰层之下。

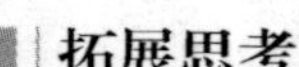

拓展思考

1. 关于北极气候变暖，哪些地方的破坏性较为严重？
2. 海岸遭侵蚀意味着什么？
3. 北极地区对全球变暖有什么反应？

白靴兔为什么被称为"雪鞋兔"

Bai Ji Tu Wei Shen Me Bei Cheng Wei "Xue Xie Tu"

白靴兔是一种野兔，人们又叫它雪鞋兔。由于它们的后脚很大而且颜色是白色的，故被命名为"白靴"。白靴兔的"大脚"可以阻止它们在行走时或跳跃时沉入雪中，而脚底下也有毛可以保温。

※ 雪靴兔

白靴兔夏天的时候常常吃植物，像草、蕨类及叶子；到了冬天，它们就会吃树枝、树皮及芽等，也会像北极兔般从陷阱中偷取肉来吃。它们也会吃同类的尸体，及在缺乏植物蛋白质等情况下吃大家鼠等啮齿目。白靴兔主要在夜间活动，而它是一种不冬眠的动物。

白靴兔的体型比家里的兔子稍微大点，身体极其肥胖，耳朵和后肢比较小，当然，"兔子尾巴长不了"是所有兔子的共同特征。白靴兔的肉味极其鲜美，毛皮珍贵，因此也成了人们猎取的对象，其数量本来就不多，再加上人们肆无忌惮地捕捉，所以现在就变得更少了。到北极苔原考察的人员，见到它的次数也非常有限。

白靴兔的毛在夏天时是锈褐色的，到了冬天时就会转变为白色，这种颜色的转变是一种伪装，而且白色还能起到一种光学反射作用，使天敌难以发现。它们的两侧全年也是白色的，耳朵边有黑色的绒毛，耳朵比其他野兔较短。

白靴兔并不仅仅分布于北极，在美洲北部和北欧也有很多，只不过名称不一，有的地方叫山兔或蓝兔，也有的地方，例如北美洲，则叫雪鞋兔。蓬松的绒毛在其身体周围捕捉到一些空气，就像中空的墙壁一样，形成一层绝缘层，有效地防止了热量的散失，这对度过北极的严冬是至关重要的。此外，白靴兔还有一种绝招，即幼子一产下来就能看东西，这也是为生存所必须。而家兔的幼子产下后总是眼睛紧闭，只有等到过了 12 天之后眼睛才会慢慢地睁开。

※ 雪地里的白靴兔

白靴兔的耳朵，根据不同的位置与姿势，也能传达出不同的信息，并借着这些聪明的方法达到与同伴之间沟通的目的。白靴兔彼此之间除了用肢体语言来表示沟通之外，也可以依靠着它们灵巧的鼻子，来闻嗅身边是否有危险的信息，它们也会留下特殊的嗅觉记号，以提供同伴之间辨认信息。白靴兔属于群居动物，通常一个白靴兔的群体圈可有 20 只到 300 只不等，而每只北靴兔寻找食物的步行搜寻范围约在群体生活圈往外延伸，且搜寻区域可达一平方千米以内。因此，拥有优良准确的沟通技巧也是北靴兔必备的生存条件之一。

知识窗

兔子的视力范围很广，不过兔子的视力真是不太好。对于颜色方面，兔子是色盲，只能够分辨有限的颜色，而它们看到的影像是模糊的。兔子远视能力比较好，不过对于近距离的东西，它们是看不到或看不清楚。兔子主要是看到平面的影像，因此对距离的感觉也不太好。兔子在暗光的情况下看东西最为清楚，而非在黑暗的环境中。虽然现在有很多有关兔子视力的问题仍然是个谜。例如：当兔子把头移向一边为了看清楚某件东西时，它的另一只眼睛应该会看见完全不同的东西，两者怎样协调？这些有关兔子的视觉问题也有待研究。

拓展思考

1. 白靴兔又叫什么？
2. 白靴兔与其他的兔子有什么不同之处？
3. 白靴兔是怎样度过寒冷的北极的？

第十章 北极的极地动物

BEIJIDEJIDIDONGWU

北极的动物虽然不像别的地区那般种属繁多，却称得上是自成一体，其中不乏知名度很高的种类，如北极熊、北极狐等。

北极的上空开始有空气污染，有些物种几乎快要灭绝。在北极地区的鱼类体内发现了许多有毒的化学药物，而以之为食的海洋哺乳动物成为间接的受害者。这一切都是人类给北极地区带来的问题。这种问题倘若不加以解决的话，最终将危及到人类自身的生存。

北极动物之北极熊

Bei Ji Dong Wu Zhi Bei Ji Xiong

※ 可爱的北极熊

北极的代表是北极熊，这种庞然大物经常在冰川上走来走去。在茫茫无边的冰雪世界里，北极熊确定了自己至高无上的统治地位。

北极熊又名白熊，是世界上最大的陆地食肉动物。在它们生存的空间里，北极熊位于食物链最顶层。北极熊拥有极厚的脂肪及毛发来保暖，其自身白色的外表在雪白的雪地上是良好的保护色，而且它可以在陆上及海上捕捉食物。因此，北极熊能在北极这种极严酷的气候里生存。

雄性北极熊身长大约在 240～260 厘米之间，体重一般为 400 千克～800 千克。而雌性北极熊体形约比雄性小一半左右，身长约 190 千克～210 千克，体重约 200 千克～300 千克。到了冬季睡眠时刻到来的时候，由于脂肪积累越来越多，体重可达 800 千克。北极熊辗转四方，苦度寒冬，依靠嗅觉和冰雪的反光四处觅食。但生活在最寒冷地区的北极熊大多数都冬眠，有的甚至全部都冬眠。

北极熊的视力和听力与人类一样，但它们的嗅觉相当灵敏，是犬类的 7 倍，时速可达 60 千米，是世界百米冠军的 1.5 倍。

北极熊的毛是白色而稍带淡黄色的，但它的皮肤是黑色的，单单从它们的鼻头、爪垫、嘴唇以及眼睛四周的黑皮肤上就能看见皮肤的原貌。黑色的皮肤有助于吸收热量，同样又是保暖的好方法。北极熊的毛异常奇特，它们的毛是中空的小管子，看起来是白色的是由于光线的折射、散射，变成了白色的保护色。在阳光的照射下，这些小管子就会变成美丽的金黄色，而在阴天或有云的时候，毛管对光线折射和反射较少，人们就会看到白色的北极熊。这些小管子非常重要，它是北极熊收集热量的天然工具，这样的构造可以把阳光反射到毛发下面的黑色皮肤上，有助于吸收更

多的热量，有了它，北极熊才能抵御北极的严寒。经过科学的研究，对于这种说法又被新的实验否定。

北极熊平均年龄为 30 岁左右，相对于人类七、八十岁的寿命，约 10～18 个月大时就需要开始学习如何在现实环境中求生存。

※ 会游泳的北极熊

北极熊是杰出的游泳者，它们通常可以在离大陆数里的地方出没。这有可能是它们开始进化至在海里捕捉猎物的讯号，但最近有证据显示出，这是因为温室效应造成冰川的融化而使它们逼于无奈作出的抉择。北极熊在陆上猎食的效率非常高，这是因为它们的奔走速度奇高，它们甚至比人类跑得更快。北极熊潜水而行，影子倒映在冰冷的水面上，这个动作有助于它们出其不意地捕杀猎物。科学家担忧的是，不出本世纪，全球变暖将会使北极熊灭绝。在某些北极熊栖息的地方，海冰持续消失已经迫使北极熊在海水中游过更长时间、更危险的距离。薄冰上是刚刚饱餐一顿的北极熊和它的猎物留下的鲜红的血，更加令人震撼的是，孤岛般的浮冰和北极熊周围那让人恐怖的一片汪洋。

北极熊是比较好斗的一种动物，随着恋爱季节的到来，斗殴事件往往发生的更加频繁。例如，公熊之间会为了争夺稀少的母熊而不断发生冲突，而那些带着幼子的母熊则不得不随时应对公熊们的袭击。对于打架，毕竟非常容易给双方都造成不必要的肉体伤害。所以在平常，如果能通过恐吓就能避免流血的冲突，这样的解决方法恐怕对双方都再好不过。北极熊的恐吓方式也和很多其他熊科动物一样，它们会用后腿站立，展现自己高大伟岸的身躯，然后龇牙咧嘴，露出自己尖利的犬齿，看看对方是否有胆量过来挑战一下，而这种恐吓的方法通常都能奏效。

北极熊经常跋涉上千千米寻找要吃的食物，累了就趴在浮冰上休息一会儿，就像农民离不开土地一样，北极熊不能没有海冰这个漂浮而舒适的“家”。北极熊看似冷酷、残忍、高大威猛、力大无穷。然而，它也和全天下所有的母亲一样，对自己的宝宝无限温情。

北极熊在冬季也会“冬眠”，不过和很多熊科动物一样，也只是长时间大睡，并不是真正意义上的冬眠。当进入大睡的时候，它们维持身体持续运转的养料和水分都是为了保护存储已久的脂肪。在食物匮乏的时候，这些脂肪也是使北极熊继续维持生命的关键因素。

随着工业文明的发展，人类向空气中排放了大量的温室气体。温室效应促使北极地区的气温明显升高，冰雪融化，冬季缩短，北极熊捕猎不到足够的食物来储存脂肪，越冬就会非常危险。“北极圈霸王”北极熊，在北极地区生活了几千年。北极冰雪的消融使北极熊生活的浮冰变成了一个个孤岛，面对今天的全球变暖，它们的路在何方？让我们一起关爱北极熊，减缓全球变暖。

知识窗

北极光是出现于星球北极的高磁纬地区上空的一种绚丽多彩的发光现象。而地球的极光，由来自地球磁层或太阳的高能带电粒子流使高层大气分子或原子激发而产生。北极附近的阿拉斯加、北加拿大是观赏北极光的最佳地点。

长期以来，极光的成因一直众说纷纭。有人认为：它是地球外缘燃烧的大火；有人则认为，它是夕阳西沉后，天际映射出来的光芒；还有人认为，它是极圈的冰雪在白天吸收储存阳光之后，夜晚释放出来的一种能量。这天象之谜，直到人类将卫星火箭送上太空之后，才有了物理性、合理的解释。

极光是原子与分子在地球大气层最上层运作激发的光学现象，它的形成有三大要素：太阳风、地球磁场、大气。所谓“太阳风”，是太阳对宇宙不断放射的一种能量，它是由电子与质子所组成。由于太阳的激烈活动，放射出无数的带电微粒，当带电微粒流射向地球进入地球磁场的作用范围时，受地球磁场的影响，便沿着地球磁力线高速进入到南北磁极附近的高层大气中，与氧原子、氮分子等质点碰撞，因而产生了“电磁风暴”和“可见光”的现象，就成了众所瞩目的“极光”。

拓展思考

1. 北极的代表什么？
2. 北极熊是世界上最大的什么动物？
3. 北极熊的毛有什么特点？

北极动物之北极狼

Bei Ji Dong Wu Zhi Bei Ji Lang

北极狼又称为白狼，是犬科的一种哺乳动物，家犬和狼都有相同的血缘关系，北极狼也是灰狼的亚种，主要分布于欧亚大陆北部、加拿大北部和格陵兰北部。

※ 北极狼

北极狼平均肩高为 64～80 厘米；脚趾到头大约高 1 米；身体的长度从 1～1.5 米。成年雄狼大约重量为 80 千克。如果人工饲养的话，北极狼能活到超过 17 年。然而，在野外平均寿命不过是 7 年，狼自身的颜色有红色、灰色、白色和黑色。

由于北极狼的居住地的泥土为永久冻土，挖土极为艰难，因为北极狼通常都会用洞穴或洼地取而代之；在 5 月下旬到 6 月上旬的期间，母狼会生下两至三只小狼，比灰狼迟了约一个月。一般认为，北极狼每一胎所生下的小狼之所以比灰狼的一胎小狼数目小是因为北极能够捕猎到的食物较少。它们的小狼会在母体中待约 63 天。当小狼出生之后会跟随母狼 2 年，然后就会开始自己独立的生活。每年一头母北极狼平均会产 14 头小狼，它们一般诞生在洞穴里，有着纯净的、白色的毛。北极狼对自己的后代表现出无微不至的关怀。当幼狼降临之后，最初的 13 天，尚未睁开眼睛的小狼便会紧紧地挤在一起，安静地躺在窝中。母狼在这个时期，几乎是寸步不离，偶尔外出，时间也很短，然后赶紧返回洞穴，细心照顾着小狼。等到 1 个月之后，母狼便开始训练它的孩子们，它将预先咀嚼过的、甚至经吞食后吐出来的食物喂养小狼，让它们习惯以肉为食。小狼的哺乳期为 35—45 天，但是长到半个月的小狼已具有尖锐的牙齿，这时母狼又会给小狼不同的食物，先是尸体，然后是半死不活的，目的是让小狼逐渐学会捕食本领。不难看出，母狼对小狼的细心呵护。

北极狼常常过着群居的生活，一般以七匹为一群，每一匹都要为群体的繁荣与发展承担相应的一份责任。狼与狼之间的默契配合成为狼成功的决定性因素。不管做任何事情，它们总能依靠团体的力量去完成。狼的耐心总是令人惊奇，它们可以为一个目标耗费相当长的时间而丝毫不觉厌烦。狼具有敏锐的观察力、专一的目标、默契的配合、好奇心、注意细节以及锲而不舍的耐心使狼总能获得成功。狼异常单纯，那就是对成功坚定不移地向往。在狼的生命中，没有什么可以替代锲而不舍的精神，正因为这种精神才使得狼得以千辛万苦地生存下来。狼群的凝聚力、团队精神和训练成为决定它们生死存亡的决定性因素，正因为这个原因使得狼群很少真正受到其他动物的威胁。狼驾驭变化的能力使它们成为地球上生命力最顽强的动物之一。

※ 咆哮的北极狼

捕猎北极狼对于北极人来说是非常轻松的：北极的人习惯把沾着鲜血的刀直埋在冰雪里，上面再盖上厚厚的一层雪，然后拍手回家。当冰原上饥寒交迫的狼闻到血腥味后，开始用自己的舌头舔刀子上的血迹，当舌头舔到了刀尖时，那舌头已冻得麻木了，嗅觉告诉它，血腥味浓了，便在刀尖上舔来舔去，然而，北极狼没有想到的是自己的血也流得越来越多，浓浓的血腥味诱惑使它加倍地舔下去。最终，导致流血过多的狼倒在冰血里，成为北极人的美食。对善良的人类来说，这实在是个极残忍的故事，一幅极凄美的“画卷”摆在北极的面前：广袤的冰原，饥饿的狼，殷红的鲜血，然后，穿着厚厚皮衣的北极人悠然自得来捡取自己的猎物。

人之所以如此制服狼及贪婪的动物，大约因为人多了一些智慧，狼多了一些贪婪。由于诱惑便有了各自不同的命运。我们将目光从遥远的北极收回，去关注一下人类生存的社会状态。不难发现，在人群多彩的活动中，有人在扮演着北极人的角色，常常给人以诱惑而达到所要达到的目的。而另外一些人却扮演着冰原上老狼的角色，因抵不住诱惑而丢掉了宝贵的生命。人的本性都是善良的，只是经历现实后，致使人类变得越来越残忍。

北极狼的主要天敌是人类，由于人类采伐树木、污染和垃圾，它们失去了居住的地方。北极狼面临着濒危的境地，人类要学会与北极狼共舞。

知识窗

狼的十大特点：

一、卧薪尝胆：狼不会为了所谓的尊严在自己弱小时攻击比自己强大的东西。

二、众狼一心：狼如果不得不面对比自己强大的东西，必群而攻之。

三、自知之明：狼也很想当兽王，但狼知道自己是狼不是老虎。

四、顺水行舟：狼知道如何用最小的代价，换取最大的回报。

五、同进同退：狼虽然通常独自活动，但狼却是最团结的动物，你不会发现有哪只狼在同伴受伤时独自逃走。

六、表里如一：狼也很想当一个善良的动物，但狼也知道自己的胃只能消化肉，所以狼唯一能做的只有干干净净地吃掉每次猎物。

七、知己知彼：狼尊重每个对手，狼在每次攻击前都会去了解对手，而不会轻视它，所以狼一生的攻击很少失误。

八、狼亦钟情：公狼会在母狼怀孕后，一直保护母狼，直到小狼有独立能力。

九、授狼以渔：狼会在小狼有独立能力的时候坚决离开它，因为狼知道，如果当不成狼，就只能当羊了。

十、自由可贵：狼不会为了嗟来之食而不顾尊严地向主人摇头晃尾。因为狼知道，决不可有傲气，但不可无傲骨，所以狼有时也会独自哼哼自由歌。

拓展思考

1. 北极狼的身高体型有什么特点？
2. 北极狼过着怎样的生活？
3. 北极狼的主要天敌是什么？

北极动物之北极狐

Bei Ji Dong Wu Zhi Bei Ji Hu

※ 北极狐

北极狐是北极草原上真正的主人，它们不仅世世代代居住在这里，同北极狼一样，除了人类之外，几乎不存在什么天敌。

北极狐也叫蓝狐、白狐等等，体型较小而且有点肥胖。耳短小，略呈圆形。腿短，尾长，尾毛特别蓬松，看起来非常柔顺，尾端呈白色。北极狐的腿底上长着长毛，所以可在冰地上行走，不打滑。北极狐野外分布在俄罗斯的北部、格陵兰、挪威、芬兰、丹麦、冰岛、美国阿拉斯加和加拿大极北部等地。北极狐在岸边向阳的山坡下掘穴居住，一般在冬季的时候离开巢穴，迁移到600千米外的地方，直到第二年的夏天再返回家园。科学家研究发现，北极狐平均一天能行进90千米，可持续行进数天，甚至能够在数月时间内从太平洋沿岸一直迁徙到大西洋沿岸。

北极狐体长50～60厘米，尾长20～25厘米，体重2500～4000克。自春末至夏季，北极狐的体毛由白色逐渐变成青灰色，故常被称为“青狐”。冬季的时候，北极狐全身体毛为白色，仅鼻尖为黑色。夏季的体毛则为灰黑色，腹面颜色较浅，有很密的绒毛和较少的针毛，尾长，尾毛特别蓬松，尾端白色。

北极狐的食物主要包括旅鼠、鱼、鸟类与鸟蛋、浆果和北极兔，有时也会漫游海岸捕捉贝类，但最重要的食物供应还是来自旅鼠。当遇到旅鼠时，北极狐会极其准确地跳起来，然后猛扑过来、将旅鼠按在地下，吞食掉。

12万年前的地球上就出现了北极狐的身影，北极狐被誉为“雪地精灵”。作为狐狸，长脸、尖嘴和尖长耳朵的形象早已深入人心，成为狡猾

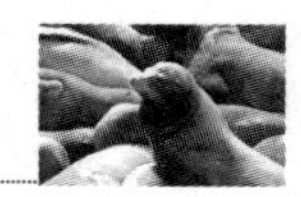

的象征。但是北极狐却有点像猫，它们不仅耳朵小而且圆，脸也变得比较圆。北极狐的腿也非常短小，有点像兔子，因此人们又给它起的名字叫“兔腿狐”。北极狐分布在北冰洋沿岸地带的岛屿或者苔原带上，有着又长又厚的毛皮，可以忍受－50℃的酷冷寒冬。北极狐属犬科，是珍贵的毛皮动物。由于北极狐的皮保温性能好，毛长绒厚，平滑柔软，结实耐用，是制做各种高级裘皮大衣和裘皮制品的主要原料。加之容易驯化，适应性强，生长周期短，经济效益好，人工养狐已成为一项新兴产业。

1992 年，洛阳市开始规模养殖，目前饲养总量达 1 万余只。北极狐寿命为 10 年～14 年，可繁殖年限为 6 年～8 年，工养殖的最佳繁殖年限为 2 年～5 年。

※ 雪地里的北极狐

北极狐的数量会随着旅鼠数量的变化而变化，通常情况下，旅鼠和北极狐的数量成反比。旅鼠大量死亡的低峰年，正是北极狐数量高峰年。为了生存的需要，北极狐开始远走他乡。这时候，狐群会莫名其妙地流行一种疾病——“疯舞病”。这种病由病毒侵入神经系统所致，得病的北极狐会变得异常激动和兴奋，往往控制不住自己，到处乱闯乱撞，甚至会攻击过路的狗和狼。

伴随着凛冽的寒风，北极狐最害怕寒冷的冬天，北极狐咆哮得更加强烈。在这冰天雪地的世界里，北极狐想要寻找食物就难上加难了。为了生存，为了活下去，它们常常冒着生命危险，艰难地爬上悬崖峭壁寻找鸟蛋吃。幸运者就会找到吃的，不幸者不但没有吃的东西，反而从高山深涧上掉下来，摔个粉身碎骨……对于这一点，北极狐比人类悲惨多了。

北极狐之所以能在北极这种严酷的自然环境下生存下来，完全得益于它们那身浓密的毛皮。这是大自然精心设计的结果，是对北极狐的一种眷顾。为了获得它珍贵的皮毛，北极狐自然成了人们竞相猎捕的目标，导致野生的北极狐，已经面临灭绝的危险。

我们一起向全球呼吁，动物是我们的朋友，一定要珍惜和爱护它们！

▶知 识 窗

由于狐狸身上每一部分都极具价值，受到大多数人的青睐，所以难逃杀身之祸，人们的贪婪使之灭绝，狐狸的生存受到威胁，于是它们就不断改变自己，让自己适应环境。人们常赋予它们不好的象征，以致后来很多不好的典故都跟它有关，但是后来的小说蒲松龄先生的狐鬼故事里面充分显示了狐狸的善良，把人的丑恶虚伪表现得淋漓尽致。

狐狸象征着虚伪、奸诈和狡猾。也象征着美丽妖娆的坏女人，在日本人心目中，狐狸是一种神秘的动物，它们会使用一种类似障眼法的幻术，身体可以变成任意形状，或者把树叶变成钱什么的用来欺骗人类。

拓展思考

1. 北极狐又称什么?
2. 北极狐的体型特征是什么?
3. 北极狐为什么能在寒冷的北极生存?

北极动物之北极麝牛

Bei Ji Dong Wu Zhi Bei Ji She Niu

麝牛又称麝香牛，麝牛是一种大型的极地动物，也是北极地区最大的食草类动物，麝牛确实有一种麝香的气味，特别是在发情期更是如此，但并不是所有人都喜欢这种气味，麝牛在发情时会发出一种类似“麝香”的气味并因此而得名。

※ 北极麝牛

麝牛在分类上是一种介于牛和羊之间的动物，也许将其归于羊科或羚羊科更为合适。从外表看上去，更像我国西藏的牦牛，而且也确实有一股牛脾气。麝牛高约 1.5 米，长约 2～2.5 米，体重可达 400 多千克，雌牛略轻，大约只有雄牛的 3/4。其重量主要集中于长有肉峰的前半身，前重后轻，显得格外矫健有力，主要分布在加拿大、格陵兰和阿拉斯加北部的冰原上，以苔藓、地衣和植物的根、茎及树皮等为食，行动起来异常迟缓，劲头十足，俨然是苔原上的主宰。

麝牛在危险来临的时候，围成圆阵，麝牛头上长着一对坚硬无比的角，是防卫及决斗的有力武器；身披下垂的长毛，可直接拖到地上，长毛的下面又生有一层厚厚的优质绒毛，爱斯基摩人称绒毛为“奎卫特”；耳朵小，披有浓密的毛；其鼻子是全身唯一裸露的地方；麝牛的身体结构能够有效地降低热量散失，能承受时速 96 千米的风速和－40℃的低温。在如此恶劣的环境下，麝牛照样生活自如。在冬季来临的时候，温暖的气流有时会光顾北极，并带来一场大雨，可怜的麝牛往往被淋成“落汤鸡”，经过寒风的吹袭，身上的雨水便结成厚厚的冰甲，结果麝牛一下子变成了一个大冰舵子，动弹不得，灾难就是这样来临的，有的麝牛因此被活活冻死。

在平常情况下，麝牛显得格外温顺，走起路来慢条斯理，好像在考虑着什么重大的问题。走着走着，麝牛停下来吃一点食物，然后接着平躺在地上细嚼慢咽，不一会儿便打起瞌睡来。等稍微清醒时，接着再向前走一段距离。麝牛这样做一方面可以减少能量的消耗，另一方面又降低了食物的需求，可真是一举两得。根据相关的报道得出，由于麝牛保持能量的效率极高，所以它所需的食物仅占同样大小的牛的 1/6。

※ 雪地里的麝牛

麝牛本着“人不犯我，我不犯人”的原则，总是严阵以待，从不主动攻击。当有群体攻击它们的时候，它们会采取集体防御的战略，自动围成一圆阵，把弱小者放在中间，用其庞大的躯体，组成一道有效的防护“墙”，对于来犯者怒目而视，竖起那坚硬如钢叉的犄角，好像要以自己的威势使对方屈服，一旦敌人袭来，它们也会拼死抵抗，决不退缩。麝牛喜欢群居的生活，夏时集群较小，觅食矮小柳树的叶子，冬时结成大群多至百余只。通常幼麝牛和雌麝牛位于队伍中间，身强力壮的雄牛则在队伍的四周担任警戒和保护的重任，且雄麝牛又组成各自独特的小组，每组又有自己的“组长”，但均由一头老麝牛带头做领导。当队伍在前进的时候，总由一头精明强干的雄麝牛在前面开路，后面则跟着一群浩浩荡荡的麝牛大军，看上去像“大牛帮”一样。

经过一个夏天的休养生息，麝牛积累了大量的能量。雌性主要为了繁殖，麝牛每两年才繁殖一次，每胎仅产 1 仔，雄性也要在入秋的发情期争夺生殖权利。每当这个时候，雄麝牛脸上的麝腺分泌出气味强烈的分泌物，经腿部沾到地上的植物上，以此来划出自己的领地，雌麝牛则被圈在其中，被严格看管和保护，任何别的雄麝牛不得侵占，如有侵占者就会展开一场惊心动魄的争夺战。经过激战，被迫认输的一方只好灰溜溜地逃跑，得胜者追击几步，然后停步朝着逃跑者吼叫数声，麝牛无心恋战，便赶快回到雌麝牛群中，因为潜在的危险依然存在。而它们的争斗，雌麝牛并不表示任何态度，仍继续不断地照常采食。

麝牛是冰川纪残留下来的古老生物，在我们人类赖以生存的地球上已存活了 60 万年。与之同一时期的还有猛犸象、柱牙象等庞然大物都因地球环境的变化和早期人类过度捕杀而灭绝了，而麝牛仍在北极地区顽强地

生存。麝牛主要的天敌是北极熊和北极狼，还有就是人类。人类早期扩张到北极地区，为获取皮毛、牛肉和牛角而射杀它们，使它们遭受了空前的浩劫。

目前，北极地区还分布有为数不多的几个麝牛群，总数约 7000 多头，已濒于灭绝的边缘。尽管格陵兰岛、加拿大等国家和地区禁止捕猎麝牛，但仍有不少麝牛遭到疯狂地捕杀。为了使这种动物能够繁衍下去，许多国家不仅加强了必要的保护拯救措施，而且已在阿拉斯加、哈德逊湾东北部、格陵兰岛西部，甚至挪威北部等地，开始人工饲养麝牛。

知识窗

黄牛是中国固有的普通牛种，其在中国的饲养头数在大家畜中或牛类中均居首位，饲养地区遍布全国。在农区主要作役用，半农半牧区役乳兼用，牧区则乳肉兼用。黄牛被毛以黄色为最多，品种可能因此而得名、但也有红棕色和黑色等。

因自然环境和饲养条件不同而分为北方黄牛、中原黄牛和南方黄牛三类。饲养方法大致分为舍饲、半舍饲和放牧三种。雄性身体比雌性强大，两性均具角，横切面呈圆形；有的种类颈下垂肉发达，有的不明显；雄性上体通常深棕褐色、灰褐色、棕黑色，雌性毛色略浅，腿的下部多白色。

拓展思考

1. 麝牛是什么样的动物？
2. 麝牛在攻击方面本着什么原则？
3. 麝牛与人类有什么样的关系？

北极动物之北极燕鸥

Bei Ji Dong Wu Zhi Bei Ji Yan Ou

※ 北极燕鸥

北极燕鸥属燕鸥科，是一种海鸟。北极燕鸥是一种体型中等的鸟类。体长为33～39厘米，翼展76～85厘米，羽毛主要呈灰和白色，喙和两脚呈红色，前额呈白色，头顶和颈背呈黑色，腮呈白色。其灰色翅膀为305毫米，肩羽带棕色。上面的冀背呈灰色，带白色羽缘，颈部呈纯白色，其带灰色羽瓣的叉状尾部亦然。其后面的耳覆羽呈黑色。远远看去，北极燕鸥像是戴着一顶呢绒的帽子。

在北极，令人肃然起敬的并非北极熊，而是北极燕鸥。虽然北极燕鸥小巧玲珑，但却矫健有力，往往能给人以激情的感觉。北极燕鸥分布于北极及附近的地区，繁殖区为北极及欧洲、亚洲和北美洲接近北极的地方。北极燕鸥是候鸟，每年经历两个夏季，它们每年从其北部的繁殖区南迁至南极洲的海洋，再北迁回繁殖区。据了解，北极燕鸥是已知的动物中迁徙路线最长的动物。

对于北极燕鸥而言，它们只会照料和保护小部分的幼鸟。成体后长期养它们的幼鸟，并帮助它们飞往南方过冬。北极燕鸥的寿命很长，多数可长达20年之久。北极燕鸥主要以鱼和水生无脊椎动物为食，北极燕鸥的物种数量很多，大约有100万个个体。

北极燕鸥是一种非常轻盈的海鸟，燕鸥在天空中飞翔的时候就像被一阵狂风吹走一样，但它们却有一种令人难以置信的长距离飞行本领。当北半球是夏季的时候，北级燕鸥就会在北极圈内繁衍后代。北极燕鸥飞过海面的时候，常常会低低地掠过，从海中捕捉一些小鱼和甲壳纲类的动物为食物。

燕鸥是一种体态优美的鸟类，其长喙和双脚都是鲜红的颜色，看上去就像用红玉雕刻出来的。燕鸥的整体形象集中体现了大自然的巧妙雕琢和完美的构思。可以说，北极燕鸥，真是北极的神物！

当冬季来临的时候，河岸的水结了冰，燕鸥就出发开始长途迁徙。它们向南飞行，越过赤道，绕地球半周，来到冰天雪地的南极洲，在这儿享受南半球的夏季。当南半球冬季来临时，北极燕鸥就会往北飞，回到北极。北极燕鸥这一次的旅行长达 38625 千米。但是，经过这两地间来回，燕鸥可以享受两个不同的地域风情，或者说是一个漫长的、历时 8 个月的夏季。

在南极，企鹅给人的印象最为深刻。企鹅虽然待人亲切，憨态可掬，但看上去却有点傻里傻气；北极燕鸥虽然体态矫小，但却强健有力，往往能给人以激情。

※ 翱翔的燕鸥

由于北极燕鸥迁徙的原因，可以堪称是鸟类世界之最。北极燕鸥在北极圈的北部繁殖，然后南下至南极过冬，单程直线距离长达 1.75 万千米。它们这样做可以利用两个极地漫长的白昼来进行长时间觅食。后来，科学家对燕鸥的活动进行追踪，发现了燕鸥的迁徙路线。如许多加拿大境内的北极燕鸥，通过西风带穿越大西洋到达欧洲沿海，然后南下。虽然大部分种类从海上迁徙，但也不乏选择陆上线路的。如许多沼泽地燕鸥会从繁殖地穿越撒哈拉沙漠抵达它们在非洲的过冬地。种种现象足以表明，北极燕鸥真可谓是“飞行冠军”。

北极燕鸥不仅有非凡的飞行能力，而且争强好胜，勇猛无比。在它们生活的群体之间经常聚成成千上万只的大群，就是为了集体防御。貂和狐狸之类非常喜欢偷吃北极燕鸥的蛋和幼子，但在如此强大的阵营面前，也往往有点猥琐，常常望而却步，三思而后行。

在所有迁徙的动物当中，北极燕鸥长途跋涉的本领实属罕见。正是如此，北极燕鸥被尊为北极的神物，也可以说是鸟中之王。夏季，北极燕鸥在加拿大的北极圈至美国马塞诸塞州地区活动，到了冬季，它们又飞到另外一个极地——南极去越冬。每年三月份的时候，在南极做客数月之久的北极燕鸥聚成小群，准备北上，进行不可思议的、超长距离的旅行。每年的两极间的旅行行程长达数万米。人类虽然是万物之灵，已经造出非常现代化的飞机，但要在两极之间往返一次，也绝非易事。而北极燕鸥却能做得到，它们这种不怕艰险追求光明的精神和勇气是值得人类学习的。

知识窗

燕鸥是燕鸥科的海鸟，以往被看作为鸥科下的一个亚科。燕鸥与鸥及尖嘴鸥是一个血统分支，全世界都有它们的踪迹。大部分燕鸥都被编入燕鸥属中，但是根据DNA序列的分析发现燕鸥属可以分别为几个细小的属。

因与家燕的尾型相似而得名，世界共有32种，中国有8种。分布遍别全球，绝大多数分布于热带、亚热带。是鸥科中体型较小的类群。嘴形细长，嘴峰形直或几乎直形，不成弧状；脚短而细弱，趾间蹼不呈深凹状；尾较长，超过翅长1/2，呈深叉状。常结群在海滨或河流活动。巢置于沼泽地的砂土窝中，每产卵2枚～3枚，淡灰或淡黄色，孵化期21天。中国常见种为普通燕鸥，主要食鱼类，春秋季节嗜吃蝗虫、草地螟等，为草原和农业地区的益鸟。

拓展思考

1. 北极燕鸥有什么特点？
2. 北极燕鸥的生活习性是什么？
3. 北极燕鸥被称为什么？

第十二章 北极的奇观现象

BEIJIDEQIGUANXIANXIANG

科学家以北极震荡指数来衡量气压的变化，当北极上空出现低气压，气流会以顺时针的方向运行，以保持冷暖气流的交替运作。正是北极气候的变化才使北极地区出现了美丽的奇观现象。

北极奇观之极昼极夜

Bei Ji Qi Guan Zhi Ji Zhou Ji Ye

对于南极的奇观有很多，极昼与极夜是其奇观之一，它给人们对这块神秘的土地更添加了一份丰富的遐想。

昼就是白天，所谓极昼，就是太阳永不落，天空总是明亮的，这种现象也叫白夜；所谓极夜，就是与极昼相反，太阳总不出来，天空总是黑的。在南极洲的高纬度地区，那里没有“日出而作，日落而息”的生活节律，没有一天24小时的白天和黑夜之间的更替。昼夜交替出现的时间是随着纬度的升高而发生改变的，纬度越高，极昼和极夜的时间就越长。在南纬90°也就是南极点上，昼夜交替的时间各为半年，也就是说，那里白天黑夜交替的时间是整整一年，一年中有半年是连续白天，半年是连续黑夜，那里的一天相当于其他大陆的一年。

极昼与极夜的形成，是由于地球在沿椭圆形轨道绕太阳公转时，还绕着自身倾斜的轴旋转而造成的。原来，地球在自转时，地轴与其垂线形成

※ 美丽的夜景

一个倾斜角，因而地球在公转时便出现有 6 个月时间两极之中总有一极朝着太阳，全是白天；另一个极背向太阳，全是黑夜。南、北极这种神奇的自然现象是其他大洲所不存在的。

如果离开南极点，纬度越低，不再是半年白天或半年黑夜，极昼和极夜的时间会逐渐缩短。到了南纬 80°的地方，也有极昼和极夜以外的时候才出现 1 天 24 小时内的昼夜更替。如果处于极昼的末期，起初每天黑夜的时间很短暂，之后黑夜的时间会变得越来越长，直至最后全是黑夜，极夜也就开始了。而在南极圈，一年当中仅有一整天全是白天和一整天全是黑夜。中国南极长城站处在南极圈外，在 12 月份的深夜一二点钟，天空仍然蒙蒙亮，眼力好的人们还可以看书写字。极昼和极夜的这种自然现象在地球的另一极北极也同样出现，不过它出现的时间同南极正好相反，北极若处在极昼，则南极为极夜，反之则变然。

昼夜交替出现的时间是随着纬度的升高而变化的，纬度越高，极昼和极夜的时间就越长。在“北极昼”的日子里，街上的路灯都是通夜不亮的，汽车前的照明灯也暂时失去了作用。家家户户的窗户上都低垂着深色的窗帷，这是人们用来遮挡光线的。可是，当“北极夜”到来的时候，那里又是另一番景象了。在漫漫的长夜中，除中午略有光亮之外，白天也必须开着电灯！因为在“北极夜”里，太阳始终不会升上地平线来，星星也一直在黑洞洞的天空闪烁。一年中有半个月的时间，可以看见或圆或缺的月亮整天在天际四周旋转。另外，半个月的时间，则连月亮也看不见。

北极地区的生活环境是十分枯燥的，一年四季整个地区都是白雪皑皑的，没有明显的季节变化，那里的人们看不到植物发芽、生长、开花、结果的变化过程。一年之中半年极昼、半年极夜的现象扰乱了人们的生理时钟。极昼期间，白天难以入睡，所以北极土著居民有睡眠少的特点；冬季长夜漫漫，人们的活动以室内为主，经常关在屋里的人会患上“室内热症”。毕竟现代文明为北极地区的居民提供了舒适温暖的生活——窗外－30℃，人们可以在室内温水游泳池游泳，在体育馆打篮球、打排球等等；卫星通讯技术的发展，同样使北极地区的居民每天晚上安然地收看自己喜爱的节目；飞机忙于运送各种物资，把你载到你想去的地方。

圣彼得堡位于北纬 60°，仲夏的时节，白天持续近 20 个小时，黄昏过后不久，又开始出现晨曦，这种现象往往会持续一个月之久。

美丽的极夜诱惑着人们外出旅游，瑞典和挪威是极其受太阳影响的国家。在瑞典，极夜来临之际，喜爱自然的人们通常选择旅游来度过漫长的冬季。

知识窗

北极的浮冰下，并非如常人所想象的一样，是寒冷、黑暗和岑寂的深渊。恰恰相反，它是一个繁华绮丽的世界。尽管天寒地冻，生命之花自有其不朽的根基。

1. 顽强的生命之花安德鲁居住在遥远的北极村落，是第一个穿上潜水服潜入冰海的因纽特人。他带着链锯、冰凿，在阿默尔蒂湾畔足有2米厚的浮冰上开一个冰洞。稍稍犹豫一下后，他随我潜入冰洞。这是他第一次潜入冰下世界。

2. 冰海食物链2月，温暖的阳光促进海藻生长，在浮冰底部形成一个褐色的海藻层。尽管海藻仅占海生植物总量的十分之一，但它却提供了冰海中几乎全部的食物来源，海藻成为多种形如磷虾的端足目小甲壳类动物所狼吞虎咽的饵料，而端足目甲壳动物又吸引了北极鳕，一种细小的总是绕着浮冰区边缘打转的海洋鱼类。微小的海生动物以浮游植物为食，同时又被较大的海洋动物所吞食。

3. 动感的海底世界在阿默尔蒂湾畔，当我潜入冰下的浅海海底时，一个动感的海底世界在我眼前徐徐展开。在水下米，温度为－2℃，我惊喜地看到了类似热带的景象：柔软的珊瑚紧挨着海胆生长，深红色的海虾偃卧在褐藻丛中。还有引人注目的海葵，生长在一块处处点缀着多彩的珊瑚藻的砾石凹缝处。

拓展思考

1. 什么是极昼？
2. 什么是极夜？
3. 昼夜交替的时间为多长？

北极奇观之美丽的极光

Bei Ji Qi Guan Zhi Mei Li De Ji Guang

有的忽明，有的忽暗，颜色有红的、蓝的、绿的、紫的光芒，这种壮丽动人的景象就叫做极光。极光是由于太阳带电粒子进入地球磁场，在地球南北两极附近地区的高空，夜间出现的灿烂美丽的光辉。在北极就叫做北极光。

地球的南、北极的高空，夜间常常会出现灿烂美丽的、各种各样形状的极光。极光轻盈地飘荡着，同时伴随五光十色，千姿百态的奇景。极光总是时不时地出现着，也可以说在世界上根本找不出两个一模一样的极光形体来。经过科学研究，将极光按其形态特征分成了五种：一是底边整齐微微弯曲的圆弧状的极光狐；二是有弯扭褶皱的飘带状的极光带；三是如云朵一般的片朵状的极光片；四是面纱一样均匀的幔状的极光幔；五是沿磁力线方向的射线状的极光芒。

极光是非常漂亮的，它的形状也是多种多样，五彩缤纷，形状不一和

※ 美丽的极光

绚丽无比的。在自然界中，还没有哪种自然现象能与之媲美，任何彩笔都很难描绘出在严寒的北极、空气中嬉戏无常、变幻莫测的炫目之光。

※ 黑夜中的极光

极光形体的亮度变化也是变幻莫测的，从刚刚能看得见的银河星云般的亮度，一直亮到满月时的月亮亮度。在强极光出现的时候，地面上物体的轮廓都能被照见，甚至会照出物体的影子来。最为动人的当然是极光运动所造成的、瞬间万变的奇妙景象。但极光有时出现时间极短，犹如节日火焰在空中闪现一下就消失得无影无踪；有时极光密集在一起，犹如窗帘幔帐；有时它又射出许多光束，宛如孔雀开屏，蝶衣飞舞有时却可以在苍穹中辉映几个小时；有时像一条彩带，有时像一团火焰，有时像一张五光十色的巨大银屏；有的宛如彩绸或绸带一样抛向天空，上下飞舞、翻动；有的软如纱巾，随风飘荡，呈现出紫色、深红的色彩；有的色彩纷纭，变幻无穷，有的仅呈银白色，犹如棉絮、白云，凝固不变；有的结构单一，状如一弯弧光，呈现淡绿、微红的色调……

极光的运动是预测不定的，可以上下纵横成百上千千米，甚至还存在近万里长的极光带。这种宏伟壮观的自然景象，有一份神秘的色彩。令人叹为观止的则是极光的色彩，用五颜六色是难以形容的。但是，究底其本色不外乎是红、绿、蓝、紫、白、黄，可是大自然却用它独特的画笔描绘出极光的多姿多彩。据不完全统计，目前能分辨清楚的极光色调已达 160 余种。

极光这般多姿多彩，如此变化万千，又是在这样辽阔无垠的穹隆中、漆黑寂静的寒夜里和荒无人烟的极区，此景此情，真是让人陶醉不已。

▶知识窗

相传公元前两千多年的一天，黑夜来临了。随着夕阳西沉，夜已将它黑色的翅膀张开在神州大地上，把远山、近树、河流和土丘，以及所有的一切全都掩盖起来。一个名叫附宝的年轻女子独自坐在旷野上，她眼眉下的一湾秋水闪耀着火一般的激情，显然是被这清幽的夜晚深深地吸引住了。夜空像无边无际的大海，显得广阔、安详而又神秘。天幕上，群星闪闪烁烁，静静地俯瞰着黑魆魆的地面，突然，在大熊星座中，飘洒出一缕彩虹般的神奇光带，如烟似雾，摇曳不定，时动时静，像行云流水，最后化成一个硕大无比的光环，萦绕在北斗星的周围。其时，环的亮度急剧增强，宛如皓月悬挂当空，向大地泻下一片淡银色的光华，映亮了整个原野。四下里万物都清晰分明，形影可见，一切都成为活生生的了。附宝见此情景，心中不禁为之一动。由此便身怀六甲，生下儿子。这男孩就是黄帝轩辕氏。以上所述可能是世界上关于极光的最古老的神话传说之一。

拓展思考

1. 极光有什么特点？
2. 极光变化的速度是什么？
3. 极光按其形态特征可以分为哪几种？

北极奇观之海市蜃楼

Bei Ji Qi Guan Zhi Hai Shi Shen Lou

海市蜃楼是一种因光的折射而形成的一种美丽的自然现象，现在简称为蜃景，是地球上物体反射的光经过大气折射而形成的虚像。

※ 海市蜃楼

平静的海面、大江江面、湖面、雪原、沙漠或戈壁等地方，偶尔会在空中或“地下”出现高大楼台、城楼、树木等幻景，常常会出现忽隐忽现的景象，称为海市蜃楼。我国广东澳角、山东蓬莱、浙江普陀海面上等等常常会出现这种幻景，古人归因于蛤蜊之属的蜃，吐气而成楼台城郭，因而得名。

蜃景常常在海上和沙漠中产生，海市蜃楼是光线在延直线方向密度不同的气层中，经过折射形成的结果。蜃景的种类非常多，根据它出现的位置相对于原物的方位，可以分为三种，分别是上蜃、下蜃和侧蜃；根据它与原物的对称关系，可以分为正蜃、侧蜃、顺蜃和反蜃；根据颜色可以分为彩色蜃景和非彩色蜃景等等。

蜃景一般有两个特点：一是在同一地点重复出现，比如美国的阿拉斯加上空经常会出现蜃景；二是出现的时间一致，比如我国蓬莱的蜃景大多出现在每年的五六月份，俄罗斯齐姆连斯克附近蜃景往往是在春天出现，而美国阿拉斯加的蜃景一般是在 6 月 20 日以后的 20 天内出现。

海市蜃楼与地理位置、物理条件以及那些地方在特定时间的气象特点有密切联系，气温的反常分布是大多数蜃景形成的气象条件。

根据科学的预测得出，海市蜃楼是一种光学幻景。根据物理学的原理，海市蜃楼是由于不同的空气层有不同的密度，而光在不同的密度的空气中又有着不同的折射率。也就是因海面上冷空气与高空中暖空气之间的密度不同，对光线折射而产生的。

为什么会产生这种现象呢？对于这个问题，要从光的折射说起。

当光线在同一密度的均匀介质内进行的时候，光的速度不变，它以直线的方向前进，可是当光线倾斜地由这一介质进入另一密度不同的介质时，光的速度就会发生改变，进行的方向也发生曲折，这种现象叫做折射。

空气本身并不是一个均匀的介质，在一般情况下，它的密度是随高度的增大而递减的，高度越高，密度越小。当光线穿过不同高度的空气层时，总会引起一些折射，但这种折射现象在我们日常生活中已经习惯了，所以不觉得有什么异样。

在夏季，白昼海水湿度比较低，特别是有冷水流经过的海面，水温更低，下层空气受水温更低，下层空气受水温影响，比上层空气更冷，所以出现下冷上暖的反常现象。下层空气本来就因气压较高，密度较大，现在再加上气温又较上层更低，密度就显得特别大，因此空气层下密上疏的差别异常显著。

假如在我们的东方地平线下有一艘轮船，一般情况下是看不到它的。如果由于这时空气下密上稀的差异太大了，来自船舶的光线先由密的气层逐渐折射进入稀的气层，并在上层发生全反射，又折回到下层密的气层中来；经过这样弯曲的线路，最后投入我们的眼中，我们就能看到它的像。由于人的视觉总是感到物像是来自直线方向的，因此我们所看到的轮船映像比实物是抬高了许多，所以叫做上现蜃景。

列举近几年的海市蜃楼的奇景：

1988 年 6 月 16 日凌晨，登州海面一次奇特的日出；

2005 年 5 月 23 日，在蓬莱海域上空出现的海市蜃楼蓬似古堡、舰船景物，闪闪发光；

2005 年 3 月 3 日，烟台海上出现的海市蜃楼；

2002 年 7 月 4 日，青岛王朝大酒店对面的海上出现了海市蜃楼；

2004 年 6 月 2 日，青岛海面上的海市蜃楼——第三个岛；

2003 年 9 月 7 日，大连出现的海市蜃楼；深圳湾出现的海市蜃楼——海面上有高楼施工；

2005 年 3 月 10 日，广东惠来县神泉港出现海市蜃楼的奇观；

2003 年 6 月，长江源头的戈壁中出现的海市蜃楼——沙丘的周围是湖水；

2001 年 8 月 4 日，距敦煌市西南 40 千米的沙漠上出现海市蜃楼的现象；

2003 年 9 月 7 日，郑州市出现海市蜃楼——绵延的青山；

2004 年 7 月 8 日，福建石狮市出现的海市蜃楼——北方天空突然出现了两座穿过云层的山峰；

※ 美丽的海市蜃楼

2002 年 4 月 20 日，青岛海面上出现了一座现代化海港，吊杆林立，灯火闪耀，亦幻亦真让人很难分辨真假；

2002 年 5 月 17 日，重庆市的上空出现了空中楼阁；

2000 年 7 月 13 日，哈尔滨松花江边出现了海市蜃楼。

知识窗

科学实验：取一只杯子，倒入大半杯水，放在太阳光下，再在杯中插入一根筷子。这时你看到水中的筷子和水面上的筷子像折段一样。这是光线折射造成的；光在同一密度的空气中行进时，光的速度不变，始终以直线的方向前进；但当光倾斜地由空气进入水的时候，水的密度变了，光的速度就会发生改变，并使前进的方向发生曲折。

拓展思考

1. 海市蜃楼是怎么形成的？
2. 海市蜃楼多产生于什么地方？
3. 说说自己对近几年的海市蜃楼的景象了解多少？

第十二章 北极的探险家

BEIJIDETANXIANJIA

千百年来，多少人葬送生命只为一睹北极的神秘风采。探险家们为了揭开北极神秘的面纱，可以说是前赴后继。但人类在探索北极之旅中却付出了相当大的代价，据不完全统计，单是在正式探险中献身的人数就达 508 人。让我们一起拉开南极探险的帷幕吧！

北极探险之巴伦支

Bei Ji Tan Xian Zhi Ba Lun Zhi

威廉·巴伦支是荷兰人，荷兰是水手和商人之国，荷兰的人非常热衷于寻找从欧洲通往亚洲的航道。巴伦支曾在1594年、1595年和1596年三次到北极探险。虽然每次都进入了北冰洋，但前两次航行，巴伦支都被冰块所阻而被迫折返。1596年，在阿姆斯商人们的赞助下，巴伦支指挥3艘船开始第三次出征北冰洋。在这次具有历史意义的航行历史中，他们不仅发现了斯瓦尔巴群岛，而且到达了北纬79°49′的地方，创造了人类向北驶进的最新记录。

1596年8月26日，巴伦支带领的探险队再次抵达新地岛，但是很快就被封冻于港内，于是他和船员们盖了一间木棚，并掘洞来过冬，但仍然抵挡不住严寒的侵袭。陋屋中央所生的火抵挡不住极度的寒冷，穿在身上的衣服在背部都结了冰。他们不得不设法宰杀北极熊和海象来取肉吃，但他们的供应品快用完了。令人遗憾的是，其中的两名船员死去了，巴伦支自己本人也非常虚弱。这支探险队有3个月没有看到太阳。终于等到了春天的到来，他们决定修复两艘海难时抢下来的救生小船来逃命。

1597年6月13日，探险队终于得以脱身返航，14名幸存者通过一个冰海，一名船员后来写道："死亡每时每分都在我们眼前出现。"巴伦支在返程途中不幸病逝，刚满37岁的探险家就这样牺牲了。人们为了纪念威廉·巴伦支，将新地岛与斯瓦尔巴群岛之间的陆缘海命名为"巴伦支岛"。

到了19世纪70年代末，也就是巴伦支死后的282年。挪威渔民在新地岛上发现了巴伦支当时搭建的棚屋，棚屋早已被北极凛冽的风暴摧毁了，但屋内仍保留有罐子、平底锅、乐器和一只钟。他们同时也找到了巴伦支遗留的部分日记，日记中描述了一段探险家们过冬时的艰难情景。

值得人们回忆的是，在新地岛上长达八九个月艰难的、探险的日子里，巴伦支和他的船员们靠燃烧甲板来使自身在严寒下保持体温，靠打猎维持自己的生命，在这个探险的过程中、很多船员都献出了宝贵的生命。然而，他们致死都没有动用船上所载的货物。哪怕其中确实有可以救命的食物和药材。他们的行为开创了荷兰人的经商理念，后来被世人传为一段

佳话。

巴伦支海大部分处于北纬70°以北，由于北角暖流的巨量海水流入到了该海区，气温并没有降低。冬季北部气温约－25℃，南部只－5℃；夏季北部气温为0℃，南部达10℃，是北冰洋中最暖的海。海区大部分有结冰现象，但西南部常年不结冰，成为北极圈内常年不封冰的海域。摩尔曼斯克、捷里别尔卡和瓦尔德是北极圈内分布的三大不冻港，终年可通航，只是向东方的航路被冰阻挡了，一年中只有2～3个月通航。海区内有丰富的矿藏，主要有石油、天然气、锰结核等。同时因暖流的流入，营养盐类丰富，成为世界最大渔场之一，主要盛产鲽、鲱、鳕、毛鳞鱼等。海洋哺乳动物主要有海豹、北极熊、北极狐等。

2000年8月13日，俄罗斯海军的中坚舰艇“库尔斯克”号核潜艇在巴伦支海沉没了。巴伦支海，这个偏僻、寂静的海域顿时声名鹊起，引起了世界的关注。巴伦支海是北冰洋东半部的一个海域，四周都是隔开的，东面以新地岛为分界线与喀拉海隔开；西面以挪威大陆最北端的诺尔辰角一熊岛一西斯匹次卑尔根岛最南端一线与大西洋分开；南面紧靠挪威和俄罗斯；北面以斯瓦尔巴群岛一法兰土·约瑟夫群岛一线与北冰洋中心部分的海盆分隔开来。巴伦支海南部的一小部分延伸入科拉半岛与俄罗斯大陆之间，称为“白海”。巴伦支海总面积为137万平方千米。巴伦支海是北冰洋各边缘海之中地理位置最优越的一个。94%四的面积都位于大陆架上，它底部的大陆架宽达1300多千米，是世界上最宽阔的大陆架之一。巴伦支海北侧、西侧岛屿林立，而其内部却连一座岛礁也没有，海面十分浩瀚。其次，巴伦支海的北侧，由于得到斯瓦尔巴群岛和法兰士·约瑟夫群岛的护卫，这道护卫阻挡了北冰洋浮冰群的侵入；东侧的新地岛又像个美丽的天然屏障，使喀拉海终年不化的海冰难以逾越。只是西侧的岛屿较少，这样有利于和外洋之间的沟通。正是在这个方向上，强大的墨西哥湾暖流给巴伦支海送来大量既温暖又较咸的海水，使巴伦支海的水温比周围的北冰洋各部分的水温高得多。所以，巴伦支海被誉为北冰洋的“暖池”。

巴伦支海的南部成为整个北冰洋中唯一终年不冻的海域，全年均可通航，俄罗斯在北冰洋上唯一的终年不冻港摩尔曼斯克，就濒临这片不冻的水域。注入巴伦支海的河流，大部分都比较短小，所含的泥沙量较少，河水清澈。虽经常有许多微型冰山从法兰士·约瑟夫群岛和新地岛上脱落并跌入海中融化，这座冰山上有少许的废弃物。相对于污染严重的欧洲各海，巴伦支海则不失为一片净水。巴伦支海有宽阔的大陆架，因此，各种海洋资源异常丰富，尤以渔业资源和油气资源最为突出，受北大西洋暖流

※"库尔斯克"号

的影响。在巴伦支海大部分水域中，形成一种被称为"极锋"的界面性水域，它是由温暖的大西洋水和寒冷的北冰洋水交汇而成的。在这水域中，营养盐类氮和磷等特别丰富，因而浮游生物繁盛，这些浮游生物是鱼类的饵料。因此，巴伦支海的渔业资源异常丰富，是俄罗斯的重要渔场之一。除此之外，巴伦支海南北两侧的大陆架浅海海底埋藏着大量石油和天然气资源，有利于科学勘测和开发，是俄罗斯及挪威两国重要的油气远景开发区。巴伦支海不仅在经济方面而且在交通与军事上对俄罗斯都有重要的影响。俄罗斯的一部分面积在欧洲，虽然有多处沿海区域，但唯有在巴伦支海才可以向更大的公海自由自在、毫无阻碍地进出。

知识窗

巴伦支在他短暂一生的探险中一共完成了三次航行，虽然每次都进入了北冰洋，但前两次都没有什么特别的建树。1596 年，在阿姆斯商人们的资助下，巴伦支指挥着 3 艘船又开始了第三次探险。临死之前，他写了三封信，把一封藏在他们越冬住房的烟囱里，另外两封分开交给同伴，以备万一遭到不测，能有点文字记录流传于世。1597 年 6 月 20 日，巴伦支死在一块漂浮的冰块上，那时他刚好 37 岁。两个多世纪之后，直到 1871 年，一个挪威航海家又来到巴伦支当年越冬的地方，并从烟囱里找出了那封信。巴伦支的航行不仅都有详细的文字记载，而

且他沿途还绘制了极为准确的海图，为后来的探险家提供了重要的依据。为了纪念他，人们便把北欧以北，他航行过的海域的一部分称为巴伦支海。

拓展思考

1. “库尔斯克”号是哪一年沉没的？
2. 巴伦支起初驶进北冰洋是哪一年？
3. 巴伦支岛是怎么得名的？

北极探险之南森

Bei Ji Tan Xian Zhi Nan Sen

南森是挪威著名的探险家、政治家和海洋学家，1922 年获得诺贝尔和平奖。1861 年，南森生于挪威的奥斯陆附近，他年轻时刻苦钻研，成绩非常优异。1888 年，南森当时是 27 岁，他就获得了博士学位，同时兼任卑尔根博物院动物学馆长。

1888 年，为了对尚未为人知的格陵兰岛的内陆进行勘查，南森建议滑雪横越格陵兰。然而他这一提议不为世人所理解，很多人认为这是一种鲁莽的举动，都不赞同他的意见。卑尔根的一份幽默报纸还极尽调侃之能事对他进行讽刺："好一场表演！博物馆长南森要去格陵兰做一次滑雪表演，冰缝里有的是好座位，用不着买来回票。"然而，南森并没有灰心，世人的轻视更让他坚定了自己探险的信心，挪威政府拒绝资助他，他就去丹麦募集资金。同年 5 月，他同 5 位助手乘坐一只海豹捕猎船登上了荒凉的格陵兰的东海岸。这一年 7 月，他们到达了格陵兰岛西海岸的戈德霍普港，一路上他们战胜了许许多多的困难，翻越了一个又一个覆盖着格陵兰大部分内陆的、光秃秃的冰帽，企图在这个"绿色之地"中寻找每一片新奇神秘的地方。经过 644 千米的长途跋涉，他们最后终于精疲力竭地抵达了目的地。第二年的春天，南森顺利回到了挪威，国人的态度改变了，因为他做到了前人从未过分的事，众人称他是一个英雄。

南森的这次探险不仅改变了国人对他的态度，同时也赢得了支持和信赖，更重要的，这是一次绝好的实习锻炼。早在 1884 年 11 月的某一天，当他还是一位年轻科学家时，他就在当天的报纸上读到一篇有趣的文章，文章的报道说：最近在格陵兰的西南沿海发现了一艘三年前沉没在西伯利亚近海中的北极探险船。

后来人们发现了"珍妮号"的残骸，是什么力量促使这些残骸从远在 3200 多千米以外的北极的那一头漂到这里来的呢？许多人都困惑不解，当时文章的作者做出了一个大胆的设想，认为这是由一种尚未查明的洋流造成的，南森对提出的这一假设非常感兴趣，对此找了大量的资料来加以证明，其中一个比较有说服力的是在格陵兰近海也曾发现过从西伯利亚森林中漂过来的木头和阿拉斯加北部爱斯基摩人制造的一种木兵器。为了加

※“珍妮号”

大证明的力度，于是他决定到北极进行一次实地探险，决定利用洋流来自行漂流，以验证是否会出现和“珍妮号”一样的结果。

在探险格陵兰取得成功之后，南森得到了充分的、在极地附近生活的经验，同时也赢得了上至国王下至普通百姓的支持。南森趁此时机在 1890 年 2 月向克里斯蒂安娜地理学会提出了自己的建议——自己专门建造了一艘船，让其在西伯利亚的海面上封冻，然后向北漂移越过北极，并用这个机会探清广大北极地区的奥秘，这个航程约需 2～5 年。刚开始的时候，这一建议同样也遭受到了一些怀疑家们的讥讽。但由于南森在上一次探险中的神奇经历，广大公众对他寄予厚望，他这个新颖独特的方案可能会使挪威人成为第一个到达北极的人，那将不仅仅是南森个人的事，而将是整个挪威人民的骄傲，于是人们纷纷解囊资助南森的这次探险。当时挪威政府提供了大部分资金，公众捐助占 1/3 多，甚至国王奥斯陆也为此捐献了 2 万克朗，这样一来，资金问题很容易就解决了。

有了资金的筹备，下一步便开始着手具体的措施。首先要有一艘特别的船，这种船必须经得起流水的碰撞，为此，南森与著名的苏格兰造船家科林·阿切尔共同设计一只粗短而坚固的船，这只船的整体结构上船头、船尾和龙骨都做成流线型，使冰块无法抓住船的任何一部分，按照南森的说法，整条船应像鳗鱼一样能挣脱冰块的怀抱，当冰块一向它压过来，船将被冰的压力抬起来，而不是被压碎。因为在北冰洋上航行，怕的不是夏季冰雪消融时散缀在北冰洋外缘的流冰，而是杂陈在北极附近的巨大的浮冰块。它们顺流漂移随潮上下，时而冻结，时而分离，互相挤压，没有经过特殊设施的船只是经不起这种冰的压力的。

这只新设计的船长 39 米，有 3 个桅帆，整个船只能容纳 13 个人和够五年用的燃料和食物，该船还配备了一台蒸汽机作为补助的动力，船上还装有一台可由轮机、手摇或风车带动的发电机，发电机供在北极圈内过冬时使用，这艘命名为“前进号”的探险船，于 1892 年 10 月 26 日顺利下水，当时前往观礼的人成千上万，人们都把发现北极的希望寄托在了它的身上。

第二步工作就是选择合适的探险成员，这些成员应该是高级的海员和科学家，当时报名者有上百人，最后确定了 13 人，准备好了供应品和设备；经过专家们的研究得出相应的意见，制定出详尽的探险计划；在西伯利亚的一些海岛上设立应急的食物供应站，在一个集合点准备好 34 头拉雪橇的狗，以防万一。9 个月后，这一切准备活动才完全就绪，因为这是一件万人瞩目的大事情，准备工作越充分越好。

知识窗

珍妮号帆船，是世界十大“鬼船”之一。

“1823 年 5 月 4 日，已经 71 天没有任何食物了，我是船上唯一的幸存者。”在航海日志中写下这段话的“珍妮”号帆船的船长被发现时仍坐在他的椅子上，手里拿着钢笔，这一幕直到 17 年后才被人发现。他和船上其他 6 名船员的尸体被南极洲海域极端寒冷的天气保存了下来。“珍妮”号帆船是被海冰困住无法逃脱，最终酿成了这一悲剧。多年以后，一艘捕鲸船发现了仍在海上如幽灵般漂流的“珍妮”号。船员们将遇难者的遗体进行了海葬。

拓展思考

1. 对南森做一个简单的描述。
2. 南森的第一次探险为什么没有赢得国人的信任？

北极探险之诺登舍尔德

Bei Ji Tan Xian Zhi Nuo Deng She Er De

北极航线和东北航线简称为北海航线，这是一条世界最北的海洋航线，连接大西洋和太平洋间的海上捷径。西起摩尔曼斯克或阿尔汉格尔斯克，经过了北冰洋南部的巴伦支海、白海、喀拉海、拉普捷夫海、东西伯利亚海、楚科奇海至太平洋白令海西北岸的普罗维杰尼亚，总长为6000千米，因大部分船只迄于符拉迪沃斯托克，通常将这里作为此航线的终点，全长为10400千米。30年代初，这条航线正式开辟，全线通航期2～3个月。从喀拉海峡到白令海峡段通航较困难，需破冰船领航、飞机或卫星导航。这是一段俄罗斯欧亚两部分海上联系的最短航线。沿线分布的主要港口有：迪克森、杜金卡、伊加尔卡、提克西、佩韦克和普罗维杰尼亚等。1878年～1879年，瑞典北极探险家诺登舍尔德率探险队首次完成全线航行。

诺登舍尔德是瑞典著名的地质学家、矿物学家、地理学家和探险家，他是第一位成功打通北冰洋东北航道的人。诺登舍尔德的父亲是芬兰著名的矿物学家，23岁在赫尔辛基大学获博士学位。当时由于他的父亲公开反对沙皇对芬兰的奴役，1857年被俄国总督永远驱逐出境。第二年，他们迁居瑞典斯德哥尔摩，并于1860年加入瑞典国籍。由于矿物学等方面的造诣，他的父亲很快被聘任为瑞典皇家博物馆的教授，并担任该馆矿物部主任终身职务。

诺登舍尔德除主要从事地理和矿物研究之外，曾数度穿越巴伦支海前往格陵兰和北极探险。他第一次成功地从瑞典穿过北冰洋亚洲部分航行到太平洋，从而首次开通了北冰洋的东北航道，并将这次航行的过程和发现编纂成5册巨著——《维加号航行记述》，顿时，这次经历使他驰名全世界。1880年，他被奥斯卡国王封为男爵。1893年被推选为瑞典皇家科学院院士。诺登舍尔德晚年致力于地图绘制方面的研究，其中最为重要的著作是《佩里普拉斯，早期航海图与航海史论述》。

欧洲人梦寐以求的宏愿是开辟西方通向东方的航路，因为在欧洲人的想象中，东方是人间的乐土，资源无比丰富。《圣经》里曾记载到：上帝为亚当和夏娃建造的美丽花园，就在东方的伊甸。在那里，地上流着蜜和

奶，地下处处是黄金和珠宝。恩格斯曾经说过：黄金这两个字仿佛具有驱使西班牙人驰过大西洋的魔力。自地理大发现时期第二阶段以来，瓦斯特·达·伽马于16世纪初开通了从欧洲绕过好望角到达印度的航道；麦哲伦开通了从欧洲经由美洲最南端麦哲伦海峡，横渡太平洋驰向亚洲的航道。这些历史性的壮举沟通了东西方的贸易和联系，但是这是一条非常长的航道。能不能找到近路呢？

当时欧洲的地理学家大胆地提出了设想，他们认为有两条近路可走：一条沿北美洲的北岸走“西北航道”；一条沿亚欧大陆北岸走“东北航道”。于是一代代的探险家们都把目光投向了北极地区。这是充满巨大诱惑力的危险之路，也是对人类的意志、智慧和体能极限挑战的勇敢者之路。在诺登舍尔德之前，敢于穿越茫茫北冰洋寻觅东北航道的并不乏其人，但都一次次地失败了，只留下一个个可歌可泣的动人故事。

北极地区极其寒冷，但是北极向人类的挑战并没有吓退诺登舍尔德，倒反而激起了他的满腔热忱和跃跃欲试的决心。“难道大发淫威的北极真的不可战胜吗？”——他反躬自问道。

这样的事迹传遍了整个世界，英国人同样也不甘示弱。1874年，乔治·维金斯驾驭蒸汽轮船成功地穿越新地岛以东的喀拉海，首次闯进了俄罗斯的最长河流鄂毕河入海口的鄂毕湾，引起了世人的关注。

瑞典的富商哥德堡的奥斯卡·迪克森，深知开拓东北航道的商业价值。面对激烈的商业竞争，他不惜一掷千金，多次赞助诺登舍尔德的探险活动。在他大量财力的支持下，1870年，诺登舍尔德再度赴格陵兰考察，并为开通东北航道做前期的准备工作。1875年，诺登舍尔德乘着迪克森的大型新帆船一举穿过喀拉海，绕过亚马尔半岛，一直行进到东经80°20′、北纬75°30′处。8月中旬，他们停泊在叶尼塞河入海口的小岛附近，发现对岸有个深水避风良港，就用迪克森的姓氏命名小岛和港口。至今在俄罗斯联邦地图上，依然保留着瑞典人的姓氏。第二年，他利用俄国商人的资金租了一艘蒸汽轮船，首次把一批外国货物运到叶尼塞河入口处。这在历史上是破天荒的重要事件，因为它又把航道向东方推进了一大段。

1878年7月4日这一天，天高云淡，微风吹拂。“维加”号蒸汽船在哥德堡港的一片欢呼声中，终于鸣笛起航了。诺登舍尔德正值年富力壮之时，此时离他首次北极探险已隔了整整20年。这20年来，他无时无刻不在做着开通横贯北冰洋的东北航道进入亚洲的美梦。这次航行能成功吗？他站在久经考验的帕兰德尔船长身边，用望远镜扫视着海天一色的远方，心头掠过一丝“壮士一去不复返”的悲壮情感。是的，为了这一世代的夙愿，他早已作好葬身冰海的思想准备。由于迪克森和俄国黄金商西比利亚

科夫的巨款鼎助，他们采用最先进的航海技术，组建了一支兵强马壮的远征队，怀着视死如归的精神踏上了一条充满危险的漫长航程。

德国量身定做了"维加"号，这个航船橡木蒸汽船，有3条高耸的桅杆，载重量为357吨，船长约43米，配置一台约44千瓦的蒸汽机，其性能大大超过普通的帆船。船上全班人马，从水手、医生到考察队员一共有30人。这支探险队的首领是诺登舍尔德，他于7月21日在挪威特隆姆瑟港口被接应上船。

8月10日，"维加"号和"勒拿"号姐妹船又从迪克森港双双启锚东行。航行的正前方是一片茫茫的未知海域，更严峻的考验在等待着他们。诺登舍尔德一行如履薄冰，战战兢兢。8月下旬，他们顺利地绕过亚洲的最北端到达了切留斯金角。经过了数天的暴风雪袭击，仿佛老天爷也被他们的真诚所感动，天空一片晴朗。西北风吹送着扬帆挺进的航船，沿着泰梅尔半岛东南海岸线很快便到了勒拿河人海口。在远征之前，诺登舍尔德早已掌握了一条重要信息：每年8月底至9月初，泰梅尔半岛附近的喀拉海域是无冰季节。显然他充分利用了这一时机。"勒拿"号由于航速较慢，使"维加"号也放慢了速度。为了在封冻期之前冲出白令海峡，成了包袱的"勒拿"号只得就地留下。"维加"号决定孤船全速前进，铤而走险。

"注意！正前方有一座巨大的冰山。"哨兵员发出了紧急信号，船长和诺登舍尔德查看了航海仪，位置在东经162°左右，"维加"号小心翼翼地绕过冰山。松了口气的船长下令加速东进。"维加"号在西北风的吹送下直驱东西伯利亚海，穿过德朗海峡，进入楚科奇海。在离白令海峡的杰日尼奥夫海角仅200多千米的海面上寒流突然袭来，气温也跟随着骤然下降，广阔的海面很快结冻冰封，"维加"号被凝固在科柳钦湾海面，寸步难行。这一切完全超出了诺登舍尔德的预料。

"如果我们先前能日夜兼程地加速行进的话，则冰块就无法阻挡我们航行了。我们的航船被封冻的地点离我们这次的目的地已经很近了。我认为，这对我们来说是一次极大的不幸，对此我终生难忘。"悔恨不已的诺登舍尔德，在早到的北极漫漫冬夜里痛心地写下了这样一则日记。

大自然似乎要在无畏勇士面前炫耀它的威力，这场袭来的寒流，竟使"维加"号全体船员承受了长达9个多月的漫长等待而望洋兴叹。凛冽刺骨的北风，铺天盖地的大雪，一望无际的封冻冰原，长夜漫漫的北极之冬……北极熊在"维加"号周围四处出没，死亡也时时威胁着探险队员。狂暴的风雪要把"维加"号撕得粉碎，思乡病吞噬着人们的心灵。"啊！就只差200多千米就到白令海峡了。"船员无不扼腕长叹。

慢慢来到了楚科奇半岛的附近，楚科奇在当地人那里意指"很多的鹿”。那里真是个野鹿成群的地方，海豹之类的海兽也不少。凭着节衣缩食、精打细算、狩猎为生，他们总算度过了种种难言的煎熬，终于盼到了解冻的日子。

知识窗

楚科奇半岛是位于欧亚大陆的最东北端的半岛，北临东西伯利亚海和楚科奇海，南为白令海，最东端为杰日尼奥夫角，隔白令海峡与阿拉斯加州相对。楚科奇半岛属俄罗斯楚科奇自治区管辖，传统居民为楚科奇族，科里亚克族等，主要产业为采矿，捕猎，捕鱼以及驯鹿养殖等。

拓展思考

1. 什么是北海航线？
2. 简单对诺登舍尔德阐述一下。